游戏美术设计

主编 陈彦许 杨海澎 温爱华

上海交通大学出版社
SHANGHAI JIAO TONG UNIVERSITY PRESS

内容提要

本书以培养游戏美术设计、游戏场景设计等应用型人才为目标进行编写,重点讲解游戏中与美术相关的各类设计要素与基础知识。全书共分为6个模块,包括游戏美术设计认知、数字绘画基础、游戏 UI 设计基础、游戏角色设计基础、游戏道具场景设计基础、游戏美术项目实战。全书内容简单易懂,由浅入深,具有很强的实用性。本书既适合动漫设计等专业的学生作为教材使用,也可供游戏美术兴趣爱好者学习参考。

图书在版编目(CIP)数据

游戏美术设计 / 陈彦许,杨海澎,温爱华主编 . —
上海:上海交通大学出版社,2024.2
ISBN 978-7-313-29997-0

Ⅰ. ①游… Ⅱ. ①陈… ②杨… ③温… Ⅲ. ①游戏程
序—程序设计 Ⅳ. ① TP317.6

中国国家版本馆 CIP 数据核字(2024)第 014240 号

游戏美术设计
YOUXI MEISHU SHEJI

主 编:	陈彦许 杨海澎 温爱华	地 址:	上海市番禺路 951 号
出版发行:	上海交通大学出版社	电 话:	021-6407 1208
邮政编码:	200030		
印 制:	北京荣玉印刷有限公司	经 销:	全国新华书店
开 本:	889 mm × 1194 mm 1/16	印 张:	9.5
字 数:	283 千字		
版 次:	2024 年 2 月第 1 版	印 次:	2024 年 2 月第 1 次印刷
书 号:	ISBN 978-7-313-29997-0		
定 价:	49.80 元		

编委会名单

主 编

陈彦许 杨海澎 温爱华

副主编

冯 硕 管志翰 徐 飞 汪 洋

参 编

段泽凡

在线课程学习指南

本书配套国家职业教育智慧教育平台省级精品在线课程"游戏原画设计"。读者可通过以下方式在线自主学习。

1. 登录国家职业教育智慧教育平台

输入网址 https://vocational.smartedu.cn/，进入国家职业教育智慧教育平台，在搜索栏中输入"游戏原画设计"，单击搜索。

2. 加入课程

单击搜索后出现的"游戏原画设计"课程，进入课程界面，单击"现在去学习"，即可进入课程详情界面。选择对应开课周期，单击"加入课程"即可开始学习。

前　言

　　游戏美术设计是游戏的重要组成部分，从八位机时代的《超级马里奥》，到个人计算机（PC）时代的《魔兽世界》，再到手机时代的《王者荣耀》，无数经典的画面伴随了一代代人的成长。一款优秀的游戏及其用户界面设计往往具备独特而鲜明的视觉辨识度，这种辨识度既是美术风格的独特，也是某种文化的表达，比如中国风、赛博朋克、Q版可爱。随着我国游戏产业的迅速发展，国内的游戏美术设计也从最初对美日风格的模仿，逐步发展出中国风等独特的风格，这种基于传统文化的表达和自信将支撑我国的游戏行业走得更远。

　　本书以党的二十大精神为指导，把全面贯彻党的教育方针、落实立德树人的根本任务放到全书编写的核心位置。本书从游戏美术产业的基本概念和发展概况谈起，涉及游戏美术绘画的软硬件环境、数字绘画的基本方法、游戏UI设计、游戏角色设计、游戏道具与场景设计的流程和技巧，从零开始引导读者逐步了解游戏原画设计与开发的思路，掌握数字绘画的相关技能。

　　本书以案例和项目教学为主进行编写，在案例和项目的选取上紧贴企业实践和"1+X"考试认证体系内容，注重推进实践基础上的理论创新，坚持自立自强，坚定文化自信。同时，在案例和课后练习中大量融入中国传统文化元素，并在全书的脉络中融入行业的发展历史，使读者感受到中国游戏美术行业从无到有、从有到优的发展历程，激励读者投身游戏美术行业。

　　本书依据相关职业资格标准和岗位核心技能，以突出培养职业能力的课程标准编写。本书将概念设计的内容更加具体化和标准化，为后期的游戏美术制作提供标准和依据，培养读者学习游戏原画专业应具备的基本素质。同时，有针对性地讲解原画设计各个部分的基本流程，解析物体、形体结构的本质规律，通过大量课堂实际绘画课程以及交互性模块，让读者掌握角色设计、怪物设计、游戏场景设计以及其他相关设计的内容和方法，具备从事游戏原画设计和制作技术岗位的基本能力。

　　此外，本书还为读者和专业课教师提供了丰富的线上课程资源，包括线上教学资源库、慕课，以及教学课件、教学大纲、电子教案、习题等，有需要者可致电13810412048或发邮件至2393867076@qq.com领取。

　　由于时间、编者水平及其他条件限制，书中存在的疏漏和不足之处，欢迎广大读者批评与指正。

目　录

模块 1　游戏美术设计认知

[模块导读]

　　游戏①美术设计是游戏的重要组成部分，从八位机时代的《超级马里奥》②，到计算机时代的《魔兽世界》，再到手机时代的《王者荣耀》，无数经典的画面伴随了一代代人的成长。可是你真的了解游戏美术设计这个行业吗？你知道它的发展历程吗？你了解它的幕后有哪些分工和岗位吗？本模块会揭开游戏美术行业的神秘面纱，介绍游戏美术设计行业的概况。

任务 1.1　了解游戏美术的概念及其发展史

　　最近几年，各种游戏类型的发展日益火爆，对游戏制作方面的人才需求量也在逐渐加大。同时，随着计算机和网络技术的不断提高，游戏引擎技术也在快速发展，人们在画面效果和交互体验上的感觉也变得更加细腻丰富，游戏美术这个行业越发受到人们的关注。游戏美术与游戏行业的发展息息相关，从第一款电子游戏的诞生到如今技术革新的多彩时代，游戏美术风格也从单一的像素点阵发展到如今"次世代"游戏的惊艳表现。电子游戏行业的发展根据时间节点大致可以分为四个阶段，如图 1-1-1 所示。

---

① 本书中的游戏指电子游戏。

② 也译为《超级玛丽》。

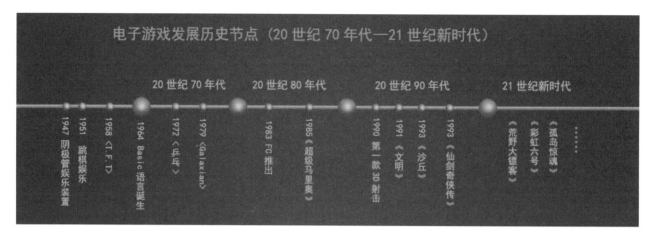

图 1-1-1　电子游戏发展历史节点

第一阶段：孕育与诞生。

电子游戏离不开计算机，计算机技术离不开数学。这里需要提到一个人——约翰·冯·诺伊曼（见图 1-1-2），他对世界上第一台电子计算机 ENIAC（电子数字积分计算机）的设计提出过建议。1945 年3 月，他在共同讨论的基础上起草了一个全新的"存储程序通用电子计算机方案"——EDVAC（electronic discrete variable automatic computer）。这对后来计算机的设计有着决定性的影响，特别是确定计算机的结构、采用存储程序及二进制编码等，至今仍为电子计算机设计者所遵循。

图 1-1-2　约翰·冯·诺伊曼（John von Neumann，1903—1957）

"电子游戏"在定义上是依托于电子设备平台来运行的交互游戏，按照这个定义，最早的电子游戏可以追溯到 1947 年美国发明家小托马斯·T. 戈德史密斯（Thomas T. Goldsmith）与艾斯托·雷·曼（Estle Ray Mann）发明的用八颗真空管模拟的导弹发射游戏（见图 1-1-3），该游戏可以说是电子游戏的鼻祖。

在接下来的几年中不断有新的"电子游戏"产生，1951 年美国科学家克里斯托弗·斯特雷奇（Christopher Strachey）编写了第一个跳棋程序。1962 年麻省理工学院研发了一款玩家可以使用专门设备操控武器在太空中作战的游戏，名为 *Space Wars*，不同的是这款"太空游戏"已经有了加速度、重力等初具世界观的特性。1958 年美国物理学家威廉·辛吉勃森（William Higinbotham）在纽约布鲁克海文国家实验室设计了 *Tennis for Two*（双人网球，见图 1-1-4），这是他和同事用计算机在圆形示波器上制作的一个非常简陋的网球模拟程序，被认为是第一款视频式游戏。它采用示波器作为显示装置，将带有两个轨道控制旋钮和一个击球钮的盒状控制器作为游戏控制器，颇受用户的欢迎。到了 1964 年，Basic 语言的第一版正式诞生，使计算机软件进入了快速发展的阶段，开启了计算机信息蓬勃发展的新时代。但这个阶段几乎可以忽略游戏美术的存在。

图 1-1-3　真空管娱乐装置

图 1-1-4　*Tennis for Two* 的游戏操作界面

第二阶段：蓬勃发展。

20 世纪 80 年代，计算机科学技术的快速发展带来了游戏行业的春天，在这十年中，游戏从仅仅出现在国家实验室和少部分家庭的"贵族神坛"逐渐平民化，深入到普通大众之中。1983 年，在美国的"雅达利大崩溃"事件后，北美的游戏行业受到了巨大冲击，但任天堂公司却反其道而行，它看到了游戏行业这个潜力巨大的市场，并悄然进行着硬件上的革命，推出了世界上第一台获得巨大成功的电视游戏机，它就是任天堂公司发明的"family computer"，即众所周知的 FC 红白机，如图 1-1-5 所示。自 1983 年推出到 2003 年停产为止，全球共销售了 6291 万台。FC 红白机的突破式销量也使得任天堂公司在 1985 年推出了风靡全球的《超级马里奥》（见图 1-1-6）。这款游戏的推出标志着动作游戏正式登上历史舞台，同时也成为当时最大的游戏类型。在这个阶段，受硬件和技术的影响，游戏美术都偏向低像素点阵的风格。

图 1-1-5　FC 红白机

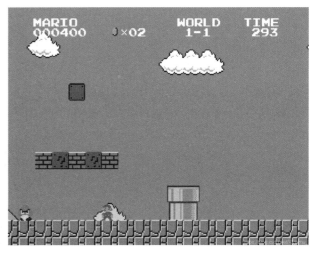

图 1-1-6　《超级马里奥》

第三阶段：百花齐放时代。

20 世纪 90 年代，在这十年中游戏玩法花样百出，各种不同形式和风格的艺术自由发展，电子技术和创意并肩齐飞。1990 年，在 Id Software 的首款作品《指挥官基恩》热卖之后，其制作人之一的约翰·卡马克开始专心研究 3D 方向的图形显现技术，在 Hovertank 与 Catacomb 两款游戏的制作经历铺垫后，其团队决定制作一款世界上从未出现过的 3D 射击游戏，推出了第一人称射击（first-person shooting，FPS）游戏的开山鼻祖——《德军总部 3D》，如图 1-1-7 所示。这款游戏摆脱了以往平面视角的枷锁，采用以玩家自己的视角探索地图并击杀敌人的玩法，而这种开创性的三维效果也影响了之后《雷神之锤》（见图 1-1-8）等众多的经典游戏。

图 1-1-7 《德军总部 3D》

图 1-1-8 《雷神之锤》

　　1991 年《文明》诞生，为之后的资源探索类游戏树立了标杆；1993 年《沙丘 2》这款科幻题材的角色扮演类游戏，开创了即时战略类游戏的新时代。在《沙丘 2》问世后，当时还籍籍无名的暴雪娱乐公司通过《魔兽争霸》（见图 1-1-9）巩固了即时战略类游戏的框架，同时又有了不一样的创新内容。国产游戏行业也不甘落寞，1995 年中式角色扮演类游戏《仙剑奇侠传》（见图 1-1-10）以其动听的音乐、富有个性的角色，结合中国传统文化给玩家们留下了深刻的印象，让传统文化元素在现代数字艺术中发光发亮。这让我们看到了国内游戏行业在弘扬传统文化方面大有文章可做，这无疑是传统文化和现代技术结合的典范。

图 1-1-9　《魔兽争霸》

图 1-1-10　《仙剑奇侠传》

　　总的来说，20 世纪 90 年代是一个开发人员尽显创意的时代，如今无数游戏的玩法都残留着 20 世纪 90 年代的影子。在这个阶段，得益于技术的发展，游戏美术逐渐被注入文化内涵，并开始了各个职能区域的分化发展。

　　第四阶段：技术革新时代。

　　在游戏类型和创意缤纷绽放之后，人们将注意力放在了提高游戏美术画面和物理效果上，游戏开发者们已经逐渐意识到"开发过程中每次都需要从头开始和大量重复劳动"的问题，并着手为开发 2D 作品构建更加方便的使用工具，游戏引擎便应运而生。在往后的几十年中，游戏一代比一代精美，画面一代比一代提升，而对一款游戏而言，能实现什么样的效果很大程度上取决于使用的引擎有多么"给力"。

　　游戏引擎的诞生是游戏产业的工业化革命，在第三阶段的《雷神之锤》使用了 Quake 引擎，《彩虹六号》（见图 1-1-11）、《生化危机》（见图 1-1-12）等游戏使用了 UE 引擎。在 20 世纪与 21 世纪的更迭时期，还出现了采用 LithTech 引擎的代表作 F.E.A.R，如图 1-1-13 所示。Source 引擎的代表作是《反恐精英》以及如今的《反恐精英：全球攻势》（见图 1-1-14）。CryEngine 引擎的代表作是《孤岛惊魂》，如图 1-1-15 所示。该游戏画面表现效果的创新突破引起了业界的强烈反响，吸引了众多厂商的关注。在高速发展的新媒体时代，现在的游戏引擎除了最初的图形渲染功能之外，已经是一个包含 3D 建模、动画设计、光影特效、AI 运算、碰撞检测、声效处理等多个子系统在内的全功能引擎。游戏圈中广为人知的震撼效果细节，如由厂商 Rockstar 制作和发行的《荒野大镖客：救赎 2》（见图 1-1-16），其中真实的物理反馈让人觉得真的就在这个世界里面浪迹天涯，鞋子踩进泥土的感觉、每条道路不同马车车轮碾过的痕迹、马匹跑动时肌肉的运动、真实的光线照射和阴影，这类细节的感受几乎让人认为这就是一个真实的世界。游戏中足以以假乱真的真实物理感受就是游戏引擎所带来的效果。

在这个阶段，由于游戏引擎对画面表现的影响，以及工业化模式的快速发展，使得由游戏美术分化的各个职能越来越清晰，出现了概念设计、角色原画师、模型师、特效师等职位。

图 1-1-11 《彩虹六号》

图 1-1-12 《生化危机》

图 1-1-13 　F.E.A.R

图 1-1-14 　《反恐精英：全球攻势》

图 1-1-15 　《孤岛惊魂》

图 1-1-16 　《荒野大镖客：救赎 2》

任务 1.2 **分析游戏美术行业的典型岗位需求**

电子游戏是计算机图形学（computer graphics，CG）衍生出的领域之一。在中国，游戏被视为CG最有发展前景的一大应用领域。叶维中[①]介绍："动画、影视和游戏一同由CG衍生而来，未来三者的融合发展将越来越常见，比如，一个IP[②]既有动画又有游戏，因而这三个行业对美术人才的需求量也将越来越大。"

随着技术的升级，游戏美术设计的分工越来越细，主要可概括为2D美术、3D美术、特效美术三类。而随着手机端游戏（手游）的兴起，UI设计（界面设计）的重要性也日益凸显。

具体来说，2D美术可细分为概念设计、2D角色制作和2D场景制作。3D美术的分工更细，一般包括3D角色建模、动作、场景、特效等。一些有实力的手游开发商，还细分出小图标设计师、插画设计师和动画设计师等。特效美术是相对特殊的一类，不分2D或3D，而是更偏重项目整体的特效美术设计。

从近几年大型游戏公司的招聘来看，与游戏美术相关的招聘岗位包括游戏美术2D设计、游戏美术3D设计、游戏美术3D动作特效、TA（技术美术）、美术UI、游戏动画、原画设计师、关卡美术、美术宣传等。由于岗位分工细致且发展路径各异，有志于从事游戏美术相关工作的同学，应基于自身兴趣和优势，寻找适合自己的职业生涯发展方向。

艺术型人才可以考虑做原画师——根据创意总监或美术总监对整个游戏的设定，画出符合设定的角色或场景。在诸多游戏美术岗位中，原画师对美术功底的要求最高，更青睐富有创造力的美术专业毕业生。

3D类美术岗位则要求应聘者兼具艺术与技术两方面的技能，与之对口的是"数字媒体艺术"和"数字媒体技术"专业。两者分属设计类、计算机类专业，尽管教学内容各有侧重，但专业课中都包括了游戏策划、美术、编程等。

任务 1.3 **熟悉游戏美术行业的常用术语**

为了便于交流沟通，每个行业都有自己的一些特殊用词，我们称之为术语，游戏美术行业也不例外。由于游戏美术行业的岗位分工比较细，所以术语也颇多，大致分为游戏类型术语、游戏内名词术语、游戏制作团队职位以及行业常见名词术语，如表1-3-1至表1-3-3所示。

表 1-3-1　游戏类型术语

术语	英文解释	中文解释
RPG	role-playing game	角色扮演游戏
ACT	action game	动作游戏
ARPG	action role-playing game	动作角色扮演游戏
AVG	adventure game	冒险游戏

① 第44、45、46届世界技能大赛中国首席专家，2022年世界技能大赛特别赛"3D数字游戏"项目金牌教练。
② intellectual property 的缩写，直译为知识产权，现引申为有价值的文学、影视、动漫、游戏等作品的统称。

续表

术语	英文解释	中文解释
SLG	stimulation game	策略游戏
RTS	realtime strategy game	即时策略游戏
MMO	massive multiplayer online game	大型多人在线游戏
MMORPG	massive multiplayer online role-playing game	大型多人在线角色扮演游戏
MOBA	multiplayer online battle arena game	多人在线战术竞技游戏
FPS	first-person shooting game	第一人称射击游戏
TBS	turn-based strategy game	回合制策略游戏
FTG	fighting game	格斗游戏
STG	shooting game	射击游戏
PZL	puzzle game	益智游戏
RCG	racing game	竞速游戏
SPT	sports game	体育游戏
TCG	trading card game	集换式卡牌游戏
CAG	card game	卡牌游戏
TAB	table game	桌游
MSC	music game	音游
LVG	love game	恋爱游戏
WAG	wap game	手游
MUD	multiple user domain	文字网游
Survival	survival game	生存游戏
SandBox	sand box game	沙盒游戏（能够改变、影响甚至创造游戏内的世界）

表 1-3-2　游戏内名词

术语	中文解释
EXP（experience）	经验值
CE（combat effectiveness）	战斗力
HP（health point）	血量
AP（armor point）	装甲值
MP（magic point）	魔力值
LV（level）	级别 / 级数
tier	段位
rating	评分
buff	增益
damage	伤害
cash/money/game point	普通金钱
achievement	成就

续表

术语	中文解释
achievement unlocked	成就达成
weapon	武器
primary weapon	主武器
secondary weapon	副武器
AMMO/ammunition/catridge	弹药

表 1-3-3　游戏制作团队职位以及行业常见名词

职位	职位术语	职位职责
程序设计职位	客户端主程	搭建主要框架、修改底层架构以及其他日常开发
	客户端程序	美术资源导入、界面拼接、美术资源配置、脚本编写与打包
	服务端主程	搭建框架、修改底层架构、优化性能和稳定性
	服务端程序	实现业务逻辑，为前端提供接口
游戏美术职位	游戏原画	根据策划给出的方案进行设计，绘制设定图。根据原画师的倾向，游戏原画可以分为用户界面（UI）、角色和场景；根据工作要求，游戏原画分为展示类和设定类，展示类面向玩家，设定类面向内部
	模型	找原画师要三视图，进行 3D 制作。模型师根据倾向分为场景和角色，场景对照原画进行还原，角色需要制作动画，对布线有一定要求
	动作	找策划拿需求方案，找模型师拿模型，制作动画。根据项目要求分为 2D 和 3D，2D 需要有一定的绘画能力
	特效	需要对引擎相当熟悉。根据项目的要求，还需要其他的技能来制作素材，需要用到的工具比较多，如 3ds Max、After Effects、Photoshop 等
	UI	图标和界面素材的绘制
	地编	找场景原画师要设计图，找模型师要建筑和树木模型。开始地形的制作，在引擎、3ds Max、Maya 里均可
策划职位	系统策划	游戏玩法的制定者，直接与程序打交道。玩法设计出来后，要对其进行数据方面的解析，告诉程序数据结构的变动等。可以对数据的存储进行推演，以精简结构和减少运算量来达到优化的目的
	数值策划	从经济体系到怪物的刷新频率和数量都在计算中，包括各游戏职业间的 DPS（每秒伤害）平衡、升级的速度、材料的产出与消耗等
	关卡策划	和地编完成剧情合作，属于指挥者的位置，地图、任务、怪物、宝箱、彩蛋、剧情都属于关卡策划的范围。设计好后，将对应的工作交给对应的人，后期查看各方的进度，在各个阶段进行测试
	文案策划	负责将热门网络词汇及热门 IP 整合，写一些剧情推动游戏走向，后期负责测试游戏
	剧情策划	大多数的时候就是写些任务台词和与非角色玩家（non-player character，NPC）对话的剧情，关卡策划会写个大纲，然后剧情策划在这个大纲的范围内编写故事
	美术策划	对关卡策划提出的方案进行美术向的解析，写成文案，和剧情策划做交接，对美术资源进行管理，对其编号
	脚本策划	负责游戏中各系统的脚本设计和实现

思考与练习

思考题

在本模块的学习中，我们对游戏美术行业的概念和定位有了初步的认识，也对游戏美术行业岗位有了一定的了解，为了能更深入地了解行业的需求，请选择游戏美术行业中的一个自己感兴趣的工作岗位，通过调研，阐述该岗位的职业发展路径、未来前景、用人企业概况、招聘需求、薪资待遇等信息，字数要求在 800 ~ 1000 字。

练习题

1. 在一款 3D 游戏研发过程中，抛开程序正向开发，从左到右正确的顺序是（   ）。

    A. 策划—3D—原画—动作—特效

    B. 原画—策划—3D—动作—特效

    C. 策划—原画—3D—动作—特效

    D. 程序—策划—原画—3D—特效

2. （   ）不属于 Blizzard（暴雪娱乐）出品的游戏。

    A.《星际争霸》

    B.《魔兽世界》

    C.《魔兽争霸》

    D.《超级马里奥》

模块 2　数字绘画基础

○─【学习目标】

知识目标●

（1）了解数字绘画的概念和发展历程。
（2）了解数字绘画常用的软硬件工具。
（3）了解数字绘画的基本方法和技巧。

能力目标●

（1）掌握数字绘画中常见软硬件工具的基本使用方法。
（2）掌握数字绘画中常见材质的绘制方法。

素养目标●

（1）培养良好的学习能力和创新意识。
（2）树立热爱劳动、爱岗敬业的工匠精神。

○─【模块导读】

　　数字绘画是游戏美术行业最常见的工作方式，也是随着科技发展逐步进化出来的一种高效率的绘画方法。数字绘画与传统绘画在绘画思路和流程上有很多相似之处，受限于或者说得益于数字技术的特征，数字绘画也逐步发展出一套独特的工作方式和绘画流程。本模块会详细介绍数字绘画的发展历程、常用的软硬件工具，以及常见的数字绘画流程和技巧。

任务 2.1　了解数字绘画的概念

　　数字绘画也称计算机绘画，是一种新型的计算机艺术（包括数字音乐、数字雕刻、数字绘画等）。数字绘画是以计算机作为绘画创作的载体，运用计算机的基本运行设备（macOS 或 Windows 系统）、绘图板及相应的绘画软件进行艺术创作，其艺术作品以数字图形图像的形式存在。数字绘画可以对画面形象的构图、造型、色彩自如方便地进行编辑、修改、复制、存储和传送。随着科技的进步，计算机硬件的更新和软件技术的升级，数字绘画这种新的艺术创作形式越来越受到当代艺术家的重视，影响着大众的文化生活。

　　20 世纪中后期，随着计算机在商业领域的应用，除了基本的运算工作外，也有少部分涉及视觉艺术领域，由于大多数计算机技术的研发人员是理工科出身，很少受过专业的艺术训练，所以数字艺术的发展较为缓慢。随着计算机的普及，新一代艺术家对计算机操作逐渐适应和熟悉，使得数字绘画艺术发展得越来越快。目前，数字绘画的使用者主要是视觉概念设计师、画家和摄影师，在一些广告公司和设计工作室对影视宣传、海报、期刊的制作中，以及在工业设计、空间设计、动漫设计和服装设计等众多领域，都需要专业的视觉概念设计师。同时，也需要具有先进科技意识的画家，利用数字技术对传统绘画进行模仿，或者利用数字绘画为传统手绘创作绘制草图和小稿。此外，摄影师可以利用数字技术对照片进行加工和处理，赋予它们更多的艺术效果。

随着电子游戏行业的发展，数字绘画应用领域得到进一步扩张，游戏行业成了数字绘画的又一大载体。在最开始的游戏行业的数字绘画需要注意很多方面，如储存空间、重复拼接、颜色数量等问题。因为设备的局限性，绘制的图像被显示出来的时候，往往需要借助计算机的中央处理器（central processing unit，CPU）和图形处理器（graphics processing unit，GPU）进行计算还原。

"位"又称作"比特"（binary digit，bit），是计算机专业术语，是信息量单位，是由英文 bit 音译而来的。同时，也是二进制数字中的"位"，是信息量的度量单位，是信息量的最小单位。

CPU 的"位"是指同一时间能处理二进制数的位数，比如 4 位 CPU 单次计算的最大十进制数字是 15，二进制显示为"1111"。起初的 4 位、8 位游戏设备的 CPU 的计算能力非常有限，以 8 位游戏机任天堂红白机为例，它的 CPU 最大可以处理的十进制数字为 255，所以从显示效果和图像数量上都有很大的限制。例如，经典游戏《魂斗罗》（见图 2-1-1）中只能绘制 255 种颜色，颜色的数量决定了显示的效果，对于游戏美术师来说也是巨大的挑战，俗话说"巧妇难为无米之炊"，只用这 255 种颜色来画画比较困难。

随着科技的发展，CPU 技术也在不断更新，64 位的 CPU、64 位的操作系统能够更快更好地显示图像，给游戏美术师带来更大的发挥空间。对于手绘风格的游戏，可以将优美的画面融入游戏中，让游戏变得不只是操作上的体验，还是视觉上的享受，如图 2-1-2 所示。

图 2-1-1 《魂斗罗》

图 2-1-2 手绘风格游戏画面

任务 2.2 数字绘画常用硬件设备

自数字绘画诞生以来，在短暂的几十年时间里，数字绘画工具的发展可以用日新月异来形容。借助强大的科技研发力量，数字绘画工具已经相当成熟和完善。参照数字计算机领域的习惯分类，数字绘画工具也分为硬件和软件两类。本节介绍硬件，其工具主要包括计算机、鼠标、键盘、照相机、数位板＋压感笔、液晶数位屏、扫描和打印设备。

常见的数字绘画工具有两种设备方案：数位板或手绘屏＋计算机，如图 2-1-3 所示；Apple Pencil+iPad，如图 2-1-4 所示。

图 2-1-3 数位板与手绘屏

图 2-1-4 Apple Pencil+iPad

无论选择哪种方案，都是从传统绘画的方式转变而来的，归根结底就是笔和纸，只不过这里把笔和纸都换成了电子设备。数位板是借助一支压感笔进行输入，而计算机、iPad 等都是通过安装绘图软件来代替传统纸张。

除了以上两种方案，还有其他形式的数字绘画工具。其中压感笔是最为重要的工具，它的出现可以说是在数字绘画与传统绘画之间搭建了一座可互相联系的桥梁。绘画中所要求的线条的粗细变化和笔触的轻重缓急，仅靠鼠标是无法实现的。而压感笔完全可以解决这些问题，它的外形与日常生活中使用的圆珠笔或钢笔极为相似，即使是初学者也可以轻松地使用它来写字和绘图。压感笔通常与数位板配套使用，数位板相当于绘画中的画纸和画板。在数位板上通过作者手上力道的控制，利用压感笔笔头的压力传感装置，可以在计算机屏幕上显示出各种层次的线条和色块，丰富的手绘效果就这样巧妙地融入数字绘画之中。

第一款压感笔问世于 1983 年，由 Wacom 公司研发并投入市场。相比传统绘画，数字绘画可以拥有更多的笔触层次，其起始压力接近于零，可以再现绘画中极细微的笔触。数字绘画者在右手执笔创作的同时，左手可以在数位板上通过手指触摸的方式快速调节画笔的各种数值，包括笔头的种类（油画笔、水粉笔、铅笔等）、笔刷的大小、透明度的变化等。此外，还可以一键调节画布的远近与大小，从而观察作品的整体关系或进行细节处理。诸如此类的便捷功能还有许多，极大地拉近了数字创作者和数字科技之间的距离，使绘画者摆脱工具使用和工作空间的限制，能够更加自由、随心所欲地进行创作。继数位板和压感笔之后，又一款对数字绘画产生推动和变革作用的产品——液晶数位屏也来到了现实中。液晶数位屏外观看起来与普通的液晶显示屏并无差异，但使用者可以使用配套的压感笔直接在屏幕上写字绘画，这比数位板更加直接和快速，使用感受更加接近用笔在纸上绘画的自然和流畅。这种产品已经应用到游戏美术、动画制作等特定行业和领域。

2.2.1　计算机硬件配置需求

计算机是数字绘画的基本设备之一。应用于数字绘画的计算机，因为绘图的需要，常常会连续工作数十个小时，并要求在运行期间保持读取、输入、输出等信息迅速、稳定。计算机配置环节中重要的三项：首先是 CPU（CPU 是计算机的运算核心和控制核心），需配置性能强且稳定、功耗低，多程序同时间运行时处理速度快且无卡顿，持续工作时控温能力优异的产品；其次是显卡（显卡直接关系到数字绘画过程中所显示的图像质量），应配置独立显卡（不占用系统的内存，易升级）且显存在 2G 以上，以确保图形输出的质量与速度；最后是内存，内存也被称为内存储器，用于临时存放计算机的运算数据以及与内部硬盘和外接存储设备交换的数据，因此为保证在数字绘画（数绘）过程中，计算机运算数据时能有足够的临时存储空间，应配置大容量的内存（大容量的内存还可提升计算机和软件的开启速度）。当前固态硬盘已经成为主流，其速度是机械硬盘无法比拟的，在固态硬盘中安装软件和作为缓存存储器都可以有效地提高计算机的运行速度，机械硬盘可以用来储存用户数据。

Photoshop 数字绘画创作者应配置高性能的计算机，以保证软件在操作绘图时计算机运行顺畅，响应速度与绘制过程同步。

2.2.2　手绘设备配置需求

数位板又名绘图板、绘画板、手绘板等，是计算机输入设备的一种。它和手写板不同，是针对数字绘画开发的硬件设备，属于非常规的输入产品，针对一定的使用群体。数位板用在绘画创作方面，就像画家的画板和画笔，我们在动画电影中常见的逼真的画面和栩栩如生的人物，就是通过数位板一笔一笔画出来的。数位板的绘画功能是键盘和手写板无法比拟的。数位板主要面向设计、美术相关专业师生、广告公司、设计工作室及矢量动画制作者。

随着计算机硬件技术的发展，手绘屏技术也不断完善，手绘屏已经成为高端数字绘画的主要产品。当然数位板仍然占有大量的市场份额，毕竟数位板的成本远低于手绘屏，所以当前从事数字绘画使用数位板仍是常态。但随着技术发展和成本的控制，手绘屏也有很好的发展前景。

数位板的选择主要从绘画区的大小、压感笔的压感级别、手写分辨率及响应速度为主要参考，其次从重量、是否需要供电、支持设备齐全等方面考虑。而手绘屏则在数位板的基础上增加了显示相关参数的要求，如尺寸、分辨率、显示颜色、色域等。

任务 2.3　数字绘画常用软件工具

游戏美术行业常用软件有 Photoshop、SAI、Illustrator、3ds Max、Maya、ZBrush、UVLayout、TopoGun、Substance Painter、UE、Unity 等。

游戏美术包含原画、UI 设计、建模、动画特效等众多环节，不同环节所需要的软件也不同。比如，游戏原画环节需要 Photoshop、SAI 等，UI 设计环节需要 Photoshop、IconWorkshop 等，游戏建模环节需要 3ds Max、Maya、ZBrush、UVLayout、TopoGun、Photoshop、Substance Painter 等，游戏动画特效环节需要 3ds Max、UE、Unity 等。

2.3.1 常用绘画软件

图 2-3-1 Adobe Photoshop

Adobe Photoshop 简称"PS",是由 Adobe 公司发行的图像处理软件,如图 2-3-1 所示。它主要处理以像素构成的数字图像,其众多的编修与绘图工具,可以有效地进行图片编辑和创造工作。PS 有很多功能,在图像、图形、文字、视频、出版等方面都可使用。在游戏美术中,PS 会用于原画设计和贴图绘制,以及其他所需的图片处理。

绘图软件 Easy Paint Tool SAI 简称"SAI",是由 SYSTEAMAX 发行的,如图 2-3-2 所示。2008 年 02 月 25 日,Easy Paint Tool SAI 正式版发行。SAI 还在持续更新,新版本仍在继续开发调试中。

图 2-3-2 SAI

在正式版发行之前,SAI 作为自由软件试用的形式对外发布。与其他同类软件不同的是,SAI 给众多数字插画家和 CG 爱好者提供了一个轻松创作的平台。SAI 极具人性化,其追求是与手写板有极好的相互兼容性、绘图的美感、简便的操作,以及为用户提供一个轻松绘图的平台。

SAI 软件相当小巧,而且免安装。SAI 的许多功能比业界标准的绘图软件 Photoshop 更自由,它的画布可以任意旋转、翻转,具有缩放时反锯齿以及强大的墨线功能。

Adobe Illustrator 简称"AI",主要用于印刷出版、海报书籍排版、专业插画、多媒体图像处理和互联网页面的制作等,也可以为线稿提供较高的精度和控制,适用于任何小型设计及大型的复杂项目,如图 2-3-3 所示。

图 2-3-3 Adobe Illustrator

Axialis IconWorkshop 是一款功能强大的图标制作工具,如图 2-3-4 所示。它可以为不同的操作系统创建图标,如 Windows,macOS 和 Unix 等,它曾为 Vista 系统创建 256×256 的 Windows 图标,为 OS X Lion 系统创建 1024×1024 的 Macintosh 图标以及为 Unix、Linux 系统创建 PNG 格式图标。该软件内置了很多滤镜(模糊、平滑、锐化、细节、等高线、浮雕等)、图像调整器(色调、饱和度、亮度、对比度等)及其他工具(缩放尺寸、任意角度转动、翻转、XP 阴影等)。同时,该软件还可以让用户很容易地编辑包含在解决方案中的图标,用户只需在 Visual Studio 的资源编辑器中打开图标,启动相关的插件命令,该图标将自动在软件中打开,可在需要时对其进行编辑。当图标在软件中保存后,VS IDE 将自动刷新该图标文件,并利用现有的 Windows 和 Mac 创建 PNG 图标。除此之外,该软件还拥有强大的编辑器,支持利用现有的图像直接创建图标。用户可以导入各种格式的图片,自动生成图标,如 PSD、PNG、BMP、JPEG、GIF、JPEG 2000 等格式。

图 2-3-4 Axialis IconWorkshop

2.3.2 其他游戏美术常用软件

3ds Max 是一款基于 PC 系统的三维动画制作软件,如图 2-3-5 所示,拥有智能化的功能,操作便捷,上手较快,被广泛用于游戏建模、渲染、动画、特效等环节。此外,3ds Max 也常用于影视建模、建筑效果图制作、建筑动画制作、工程可视化等方面。

图 2-3-5　Autodesk 3ds Max

Maya 是一款三维动画制作和渲染软件，如图 2-3-6 所示，功能强大，渲染效果逼真，自由度高，模型精细，在游戏美术中，主要用于游戏角色、场景、道具等的制作，Maya 的角色动画制作能力也很强。

图 2-3-6　Autodesk Maya

ZBrush 是一个数字雕刻和绘画软件，如图 2-3-7 所示。它以强大的功能和直观的工作流程改变了整个三维行业，ZBrush 为当代数字艺术家提供了先进的工具。ZBrush 软件可以让艺术家无约束地进行创作，是一款能够自由创作的 3D 设计工具。它的出现改变了过去传统三维设计工具的工作模式，解放了艺术家们的双手和思维，告别了过去那种依靠鼠标移动和参数设置来创作的模式，更尊重设计师的创作灵感和传统工作习惯。

Substance Painter 是一款 PBR（physically based render，物理渲染）贴图制作软件，同时也是一款功能强大的 3D 纹理贴图软件，如图 2-3-8 所示。在这个软件中，可以非常便捷且快速地通过 PBR 材质的属性设置来制作符合现实模型材质规律的 PBR 材质贴图。

Substance Painter 软件提供了大量的画笔与材质，用户可以设计出符合要求的图形纹理模型，它还具有智能选材功能，用户在使用涂料时，系统会自动匹配相应的材料，用户可以创建材料规格并重复使用相应的材料。该软件中拥有大量的制作模板，用户可以在模板库中找到相应的设计模板，非常实用；它还提供了 NVIDIA Iray 渲染和 YEBIS 后期处理功能，用户可以直接通过该功能增强图像的效果。

UE 即虚幻引擎，是一种游戏引擎，拥有强大的渲染技术和蓝图功能，对编程能力较弱的开发者比较友好，在游戏美术中，主要用来进行关卡设计、检查游戏效果等，如图 2-3-9 所示。

图 2-3-7　ZBrush　　　　　图 2-3-8　Substance Painter　　　　　图 2-3-9　虚幻引擎

Unity 是实时 3D 互动内容创作和运营平台，如图 2-3-10 所示，包括游戏开发、美术、建筑、汽车设计、影视在内的所有创作者，都可以借助 Unity 将创意变成现实。Unity 平台提供了一整套完善的软件解决方案，可用于创作、运营和实现任何实时互动的 2D 和 3D 内容，支持平台包括手机、平板、PC、游戏主机等。

图 2-3-10　Unity

任务 2.4 数字绘画软件基础

2.4.1 新建项目与文件管理

打开 Photoshop 软件后，首先在菜单栏中单击"文件"→"新建"按钮。在"新建文档"对话框（见图 2-4-1）中，选择对话框左侧预设中的一个选项，或者根据需要设置文档的大小、分辨率、颜色模式等属性。在右侧可以看到预设详细信息，以便查看所选择的内容。确认是正确的设定后，单击"创建"按钮，软件就会创建一个新的 Photoshop 项目。

另外，也可以使用"Ctrl+N"组合键来打开"新建文档"对话框，这样可以更快速地创建新的 Photoshop 项目。

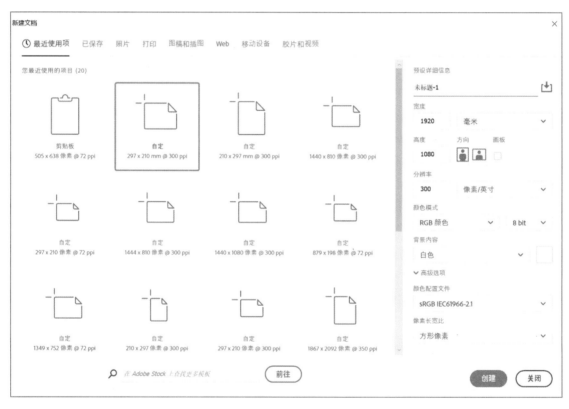

图 2-4-1 Photoshop 新建文档

如果想在 Photoshop 中打开一个图像文件，则需要单击菜单栏中的"文件"→"打开"按钮，或者使用"Ctrl+O"组合键。

如果想保存制作好的文件，则需要在 Photoshop 中单击菜单栏中的"文件"→"保存"按钮，或者使用"Ctrl+S"组合键。如果是第一次保存这个图像文件，则需要在设置好文件名和保存位置之后，再单击"保存"按钮，如图 2-4-2 所示。

如果想另存为一个新的文件，则需要在 Photoshop 中单击菜单栏中的"文件"→"另存为"按钮，或者使用"Shift+Ctrl+S"组合键来另存为一个新的文件，通常是另存为不同格式、不同尺寸或者不同版本画面形式的文件。

图 2-4-2　Photoshop 保存文件设置

　　Photoshop 也支持导出不同格式的图像文件。在 Photoshop 中可以单击菜单栏中的"文件"→"导出"→"导出为"按钮，或者使用"Shift+Ctrl+Alt+W"组合键将文件导出为不同的格式，如 JPEG、PNG、GIF 等格式，如图 2-4-3 所示。

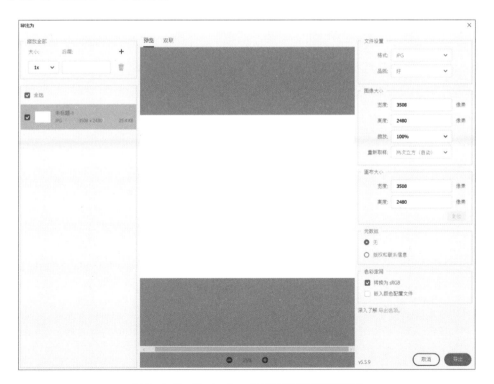

图 2-4-3　Photoshop 导出不同格式文件设置

Photoshop 的文件管理操作比较简单，熟悉基本的快捷键和菜单栏选项即可。

2.4.2　常用工具与快捷键设置

下面列举了在游戏原画创作过程中常用的一些 Photoshop 工具，这些工具的按钮都在工具栏中，如果在工具栏中找不到，则可以单击菜单栏中的"窗口"→"工具"按钮，然后勾选需要的工具。工具栏一般默认显示在 Photoshop 界面的左侧，如图 2-4-4 所示。

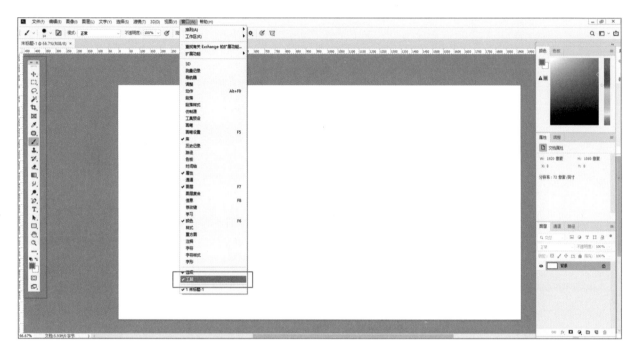

图 2-4-4　Photoshop 主界面

画笔工具（ ）：用于在画布上绘制线条和颜色，可以设置不同的笔刷和笔触来达到不同的绘画效果，这是在原画创作过程中使用频率最高的一个工具。

选中"画笔工具"之后，在顶部属性栏中可以设置画笔的大小、硬度、不透明度、流量和模式等属性，以获得所需的绘画效果，如图 2-4-5 所示。

图 2-4-5　Photoshop"画笔工具"属性栏

在工具栏中的拾色器里选择需要的画笔颜色或者使用前景色，如图 2-4-6 所示。

使用带有压力感应的数字绘图板在画布上绘制线条，可以通过调整用笔的力度来实现线条的粗细和线条色彩的深浅。还可以在上方属性栏"画笔预设"（ ）选项中，选择不同的预设笔刷或自定义笔刷，以获得不同的绘画效果，如图 2-4-7 所示。

Photoshop 的画笔工具是非常灵活和多样化的，可以满足不同类型的绘画需求。熟悉这些基本的使用方法可以帮助用户更好地掌握这个工具，创作出优秀的绘画作品。

橡皮擦工具（ ）：用于擦除画布上的部分内容，可以设置不同的擦除形状和大小。

选中"橡皮擦工具"后，在顶部属性栏中可以设置橡皮擦的大小、硬度、不透明度、流量和模式等属性，以获得所需的擦除效果。其设置方法与"画笔工具"属性设置相同，如图 2-4-8 所示。

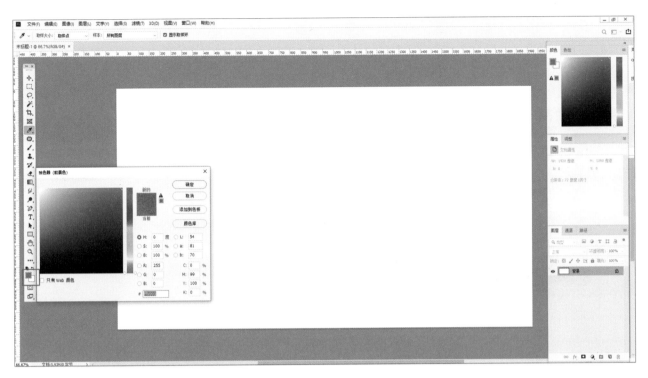

图 2-4-6　Photoshop 拾色器

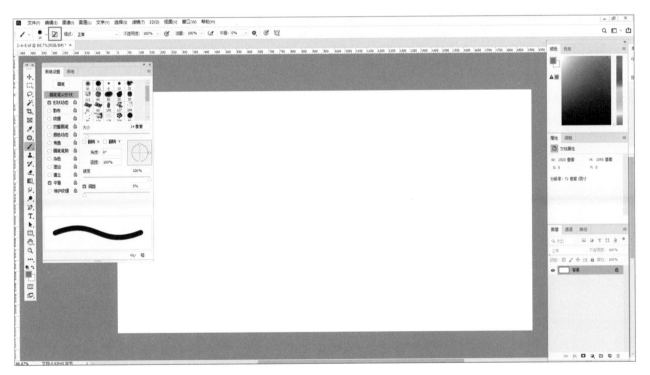

图 2-4-7　Photoshop 画笔预设

图 2-4-8　Photoshop "橡皮擦工具" 属性栏

切换橡皮擦形状：在"橡皮擦工具"的画笔设置栏中，可以选择不同的预设笔刷或自定义笔刷，获得不同的擦除效果。其设置方法也与"画笔工具"属性设置类似，如图2-4-9所示。

图 2-4-9　Photoshop"橡皮擦工具"的画笔设置栏

渐变工具（■）：用于制作渐变效果，可以设置不同的颜色和渐变方向。

在左侧工具栏中，找到"渐变工具"并单击。在顶部的属性栏中，可以设置渐变的类型、颜色、方向、样式等选项，以获得所需的渐变效果。在渐变编辑器（▬▬▬▬）中选择需要的颜色，可以从已有的颜色预设中选择，也可以自定义颜色，如图2-4-10所示。

另外，也可以通过设置属性栏中的前景色和背景色的颜色预设渐变编辑器中的渐变色选项，如图2-4-11所示。

图 2-4-10　Photoshop"渐变工具"属性
栏中的渐变编辑器

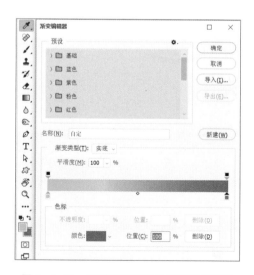

图 2-4-11　通过设置前景色和背景色预设
渐变颜色

使用鼠标或数字绘图板在画布上拖拽"渐变工具"即可在整个画布或者选区范围内绘制渐变色，还可以调整渐变效果的方向和长度，以获得所需的渐变效果，如图 2-4-12 所示。

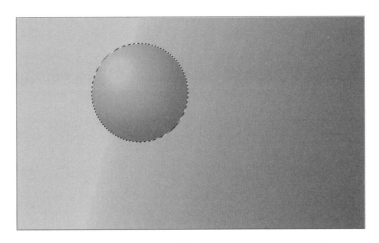

图 2-4-12　Photoshop 通过选区设置渐变颜色的范围

Photoshop 的"渐变工具"可以帮助原画师和艺术家轻松创建各种颜色的过渡效果。熟悉这些基本的使用方法可以更好地掌握这个工具，完成更出色的原画创作。

模糊工具（　）：用于模糊画布上的部分内容，可以制作柔和的过渡效果。找到工具栏中的"模糊工具"并单击它使用，如果没有找到，可能需要单击"涂抹工具"或"锐化工具"等工具，展开隐藏的工具选项（"模糊工具""锐化工具"和"涂抹工具"是在同一工具展开栏下的），如图 2-4-13 所示。

图 2-4-13　展开隐藏的工具选项

可以通过在属性栏中设置"笔刷大小"和"强度"属性来控制模糊效果的大小和强度，也可以使用快捷键"["和"]"来缩小或放大笔刷的大小。将"模糊工具"应用于图像时，使用鼠标或手写笔将"模糊工具"拖动到图像上以实现模糊效果。可以单击或拖动鼠标，或者用绘图笔使用模糊效果。反复调整并使用模糊效果，直到图像达到所需的效果。

以下是同一个圆形边缘被模糊前后的效果对比，如图 2-4-14 所示。

图 2-4-14　同一个圆形边缘被模糊前后的效果对比

锐化工具（△.）：用于增强画布上的部分内容，可以使画面更加清晰和锐利。"锐化工具"和"橡皮擦工具"同样可以在属性栏中选择所需的笔刷大小、硬度和强度。可以通过单击、拖动鼠标或绘图板来应用锐化，使用鼠标或数字绘图板轻轻地涂抹需要增强的区域。调整"锐化"工具的强度，以确保图像的清晰度得到增强，但不会过度锐化。

以下是同一个圆形使用"锐化工具"前和使用"锐化工具"后的效果，如图 2-4-15 所示。

图 2-4-15　锐化前后的效果对比

涂抹工具（🖐.）：原画绘制过程中非常实用的一个工具，可以使明度或者色相过渡比较生硬的笔触变得柔和。"涂抹工具"和"模糊工具"一样，是可以在属性栏中更改笔刷的，选择不同的笔刷使用"涂抹工具"时会带来不一样的效果，如图 2-4-16 所示。

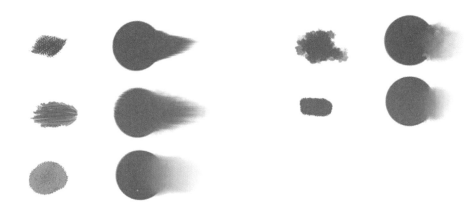

图 2-4-16　涂抹后的效果

也可以使用"涂抹工具"将用"画笔工具"画出的不同颜色笔触之间的过渡变得更加柔和，如图 2-4-17 所示。

图 2-4-17　涂抹后的颜色过渡效果

此外，Photoshop 支持查看和自定义快捷键，具体方法是单击菜单中的"编辑"→"键盘快捷键"按钮，就会出现"键盘快捷键和菜单"设置面板，如图 2-4-18 所示。在"快捷键用于"一栏的下拉菜单中选择"工具"选项就可以查看工具栏中每个工具的快捷键。单击每一项工具的名称即可自定义这个工具的快捷键。

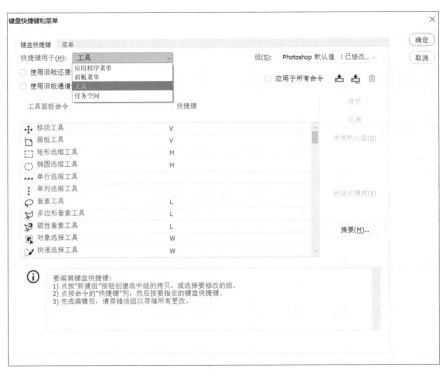

图 2-4-18　自定义快捷键

2.4.3　图像调整详解

数字绘画的一大特点在于可以很方便地借助数字绘画软件来辅助绘制和设计，许多传统纸质绘画无法实现或者较难实现的效果可以通过数字绘画软件轻易地完成。但是，必须明确软件仅仅是用来辅助绘画设计的，设计人员仍要有扎实的绘画功底，对游戏美术设计而言尤是如此，许多游戏美术人员仍然习惯先在纸上画好草稿，然后扫描到软件中进行上色等处理。接下来以 Photoshop 图像调整为例，进一步介绍游戏美术设计中常用的图像调整功能。

执行"图像"→"调整"→"色相／饱和度"命令，可以依据不同的颜色分类进行调色操作，还可以直接为图像进行统一着色操作，快捷键是"Ctrl+U"，如图 2-4-19 所示。

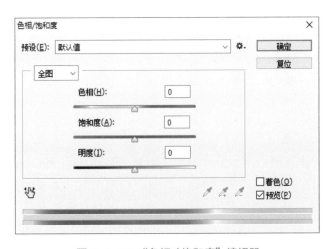

图 2-4-19　"色相／饱和度"编辑器

1. 编辑色相 / 饱和度

先确定要调整的目标，在"色相 / 饱和度"编辑器的下拉列表框中选择"全图"选项，可以同时对图像中的所有颜色进行调整，如果选择"绿色""黄色""红色""蓝色""青色"或"洋红"选项中的一项，则仅对图像中对应的颜色进行调整，如图 2-4-20 所示。

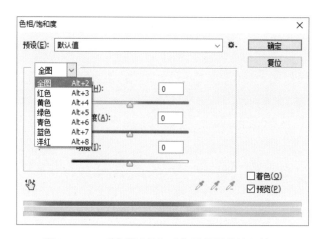

图 2-4-20 "色相 / 饱和度"编辑器的使用技巧

2. 色相、饱和度、明度

色相：调整对应的角度值来改变色相，范围在 -180° ~ 180°。

饱和度：调整色彩鲜艳程度，范围在 -100% ~ 100%。当调到 -100% 时，是灰色，也就是没有色相，再修改色相也不会有变化，因为灰色不具备色彩意义。

明度：调整颜色的明亮、暗淡程度，范围也在 -100% ~ 100%。当调到 100% 时，为白光，光线最强。

3. 着色

选择"着色"复选框可以将图像调整为一种单色调效果。

4. "吸管工具"

在"色相 / 饱和度"编辑器下拉列表框中选择除"全图"选项以外的任意一个选项，即可激活"吸管工具"，使用该工具可以在图像中吸取颜色，从而达到精确调节颜色的目的。

5. 色谱带

在色相 / 饱和度编辑器底部有两条色谱，上面的一条是原色谱，它在调整颜色的过程中是不变的。下面的一条是调整后的色谱，可显示调整后原色谱被转换的颜色。

2.4.4 画笔属性详解

相对于图像、照片的特效处理功能，游戏美术人员更多利用的是 Photoshop 的绘画功能，即运用软件自带的"画笔工具"模拟在纸面上绘画，因此，熟悉"画笔工具"的使用是将传统绘画技能迁移到数字绘画的关键，这需要了解画笔是如何进行编辑的。Photoshop"画笔工具"的属性栏如图 2-4-21 所示，可以在左侧选择画笔样式，调节画笔大小，其中最常用的是 19 号圆形画笔（即直径 19 像素的画笔），画笔大小也可以通过快捷键"["和"]"进行调节；"不透明度"选项可以调节画笔透明程度，营造一些特殊效果；"流量"选项可控制喷枪或正常画笔模式浓度。"喷枪"  常用来绘制一些均匀的过渡色调，如绘制人物皮肤时常使用该选项。

　　进阶的画笔参数调节可通过按快捷键"F5"调出"画笔设置"面板，如图 2-4-22 所示。连接手绘板后，打开"钢笔压力"选项即可调出压感，模拟纸上绘画的感觉。

图 2-4-21　Photoshop"画笔工具"的属性栏

图 2-4-22　"画笔设置"面板

2.4.5　常用画笔设置

　　Photoshop 中自带了很多不同样式的笔刷，日常练习使用已经足够，但在实际的游戏项目制作中，由于要赶项目工期，常常会对绘画效率有较高的要求，因此设计人员不仅要画得好，还要画得快，而人能达到的效率是有限的，这时 Photoshop 的编辑笔刷样式功能就能派上大用场，它可以帮助设计人员快速刷出材质、肌理。所谓的编辑笔刷样式就是用户可以创建新笔刷或者对原有笔刷样式进行编辑，这样可以根据绘制对象"量身定制"一套高效的笔刷，实现简单几笔就能画出复杂图形或特殊肌理的功能。例如，在绘制树丛时，繁杂的树叶常常令人头疼，这时如果有树叶形状的笔刷，一笔刷过即有树丛枝繁叶茂的效果，能大幅提高效率。又如，游戏项目需要的水墨风格，对于没学过国画的设计人员是个难题，但这时若有水墨样式的笔刷，问题便迎刃而解。总之，根据不同的表现对象来自定义笔刷能够大幅提高效率，甚至达到传统绘画难以实现的效果。

创建笔刷的制作步骤很简单，即新建图层，将想要的笔刷图案复制到画布上（也可以自己绘制），选中图案，然后单击"编辑"→"定义画笔预设"按钮，如图2-4-23所示，确定后这个图案就被加载到笔刷样式栏中（新增笔刷一般出现在笔刷列表最后），选择新建的笔刷，即可刷出相应的材质和肌理。另外，还可以直接导入别人制作好的笔刷，下载好笔刷文件，在"画笔样式"下拉选项中选择"导入画笔"即可，如图2-4-24所示。

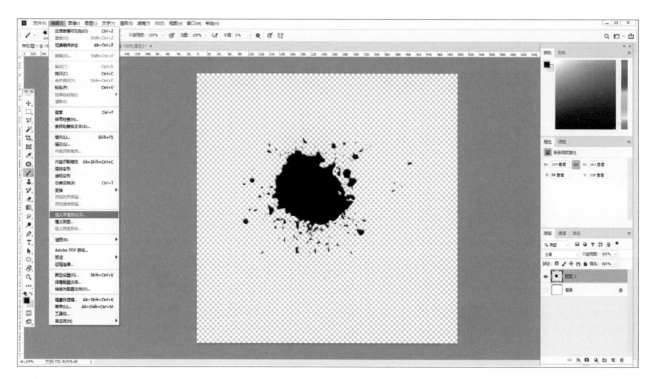

图 2-4-23　定义图案

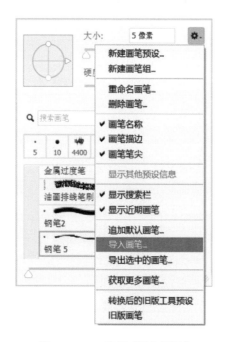

图 2-4-24　选择"导入画笔"

2.4.6　图层设置与管理

Photoshop 之所以是一款功能强大的绘图软件，其灵活多变的图层功能是最重要的原因之一。在 Photoshop 中，可以使用图层来组织、编辑和管理所绘制的图像。"图层"控制面板如图 2-4-25 所示，如果看不到该面板可以单击主菜单中的"窗口"→"图层"按钮。

图 2-4-25　"图层"控制面板

创建新图层：可以通过单击图层面板底部的"新建图层"（🔲）按钮来创建新图层，还可以按"Ctrl+ Shift+N"组合键来创建新图层。

重命名图层：可以双击图层当前的名称来重命名图层。

合并图层：可以按住键盘的"Ctrl"键选择两个或更多图层，然后右击选择菜单中的"合并图层"选项来将它们合并为一个图层，还可以按"Ctrl+E"组合键来合并图层。

锁定图层：可以在图层面板中单击锁定图标（🔒）来锁定图层，防止对其进行编辑。

隐藏图层：可以单击图层面板中的眼睛图标（👁）来隐藏图层。

更改图层顺序：可以上下拖动图层面板中的图层来更改它们的上下层级顺序。

组合图层：选择两个或更多图层，然后单击图层面板底部的"创建组"（🗀）按钮将它们组合到一个组中。

添加图层样式：双击图层名称文字右侧的区域调出"图层样式"面板来为图层添加各种样式，如阴影、边框、渐变等，如图 2-4-26 所示。

图 2-4-26　图层样式编辑面板

更改图层不透明度：可以使用图层面板中的不透明度模块（不透明度：100% ）来更改图层的不透明度。

复制图层：选择一个或多个图层，然后按"Ctrl+J"组合键来复制它们。

删除图层：选择一个或多个图层，然后单击图层面板底部的"删除图层"（🗑）按钮来删除它们，还可以使用快捷键"Backspace"来删除图层。

这些是一些基本的 Photoshop 图层设置和管理技巧。掌握这些技巧，可以更有效地组织和编辑图像，从而创建出更好的作品。

2.5.1 基础光影绘制方法

在绘画中，描绘光影关系所依据的最基本规律就是"三大面""五大调子"，如图2-5-1所示。所谓的"三大面"是指受光面和背光面两大部分，再加上中间层次的侧光面，也就是常说的三大面：亮面、暗面、灰面。

亮面：受光线照射较充分的一面称为亮面。

暗面：背光的一面称为暗面。

灰面：介于亮面与暗面之间的部分称之为灰面。

"五大调子"是指具有一定形体结构、一定材质的物体受光的影响后在自身不同区域所体现的明暗变化规律。

高光：受光物体最亮的点，表现的是物体直接反射光源的部分，多见于质感比较光滑的物体。

亮灰部（灰面）：高光与明暗交界线之间的区域。

明暗交界线：区分物体亮部与暗部的区域，一般是物体的结构转折处。

反光：物体的背光部分受其他物体或物体所处环境的反射光影响的部分。

投影：物体本身遮挡光线后在空间中产生的阴影。

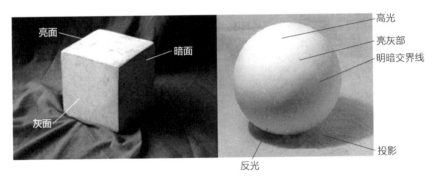

图2-5-1 "三大面""五大调子"的光影效果

对于"三大面""五大调子"的应用，就是将上色的原理贯穿整个上色的过程中，想要应用好，就要理解其思路和原理。一个物体受到光照后就自然产生了光影，如何通过画笔来表现对象，且要在一个平面上表现出立体的感觉，数字绘画工作要做的就是遵循物体的光影规律，将光照对物体产生的五种类型的调子（画面不同明度的黑白层次）画出来，就能很好地表现出物体的体积感。

比如，画一个苹果，至少要画出受光和背光（苹果的暗面和投影）面来，苹果的体积就会出来一些，如图2-5-2所示。如果要画得更细腻、真实、完整，这个时候就要将光影产生的高光、灰面、明暗交界线、反光、投影全都画出来。当具备"五大调子"的时候，物体就从单线图形、比较平面的空间中脱离出来，有了三维立体的效果。

"三大面""五大调子"的概念看似比较简单，但是在实际写生绘画中，其应用层面还要加入"层次"这个纬度，"层次"意味着"不一样、变化"，其中有颜色的不一样，也有形状的不一样，整幅画面有层次就自然会变得非常耐看。

图 2-5-2　"三大面""五大调子"的应用

换种说法就是，"五大调子"是五种类型的调子，而每种类型又有着丰富的变化，比如，亮面中的高光，如果是罐子，可能有很多个高光，那么这些高光强弱、形状都是不一样的，灰面同样也是，亮灰的色阶层次是非常丰富的，不能简单地理解为五个调子，而是五种类型的调子。

绘画是一个非常严谨的科目，在学习时更需要耐心和认真。绘画的知识也具有连贯性，前面的知识点在后期的绘画中都是要综合运用的，所以知识要学牢固，融会贯通才能更好地解决绘画中的问题。

2.5.2　金属材质绘制方法

对于金属材质的表现要掌握以下要点：第一，金属反射性较强，简单来说就是金属亮部与暗部的对比较为强烈；第二，金属的高光形状与位置要非常清晰可见；第三，对于那些被抛光过的金属材质来说，它可以反射出周围环境的明暗和色彩变化。在掌握了金属特性之后，还要确定光源的位置。下面分别通过普通金属质感、锈迹金属质感案例来分析金属质感的表现方法。

以一个金属头盔来分析普通金属质感的表现方法，在这个金属头盔的案例中，光源的位置在画面的左上方，所以金属头盔的左上方就是一块高光区域，在右侧整体暗部区域中也有一片高光区域，右下侧有一小部分反光。对于这种普通金属材质，在刻画的时候需要把高光和明暗关系按照规律进行适当地处理，那么金属材质表现的基础部分就完成了，如图 2-5-3 所示。

在基本的明暗关系完成之后，接着对其进行调色处理。这里可以选中金属头盔所在的图层，然后在 PS 主菜单中单击"图像"→"调整"→"色相/饱和度"按钮对头盔的色调进行调整，这个功能不适用于只有黑白灰的图层。如果是黑白灰的图层，可以单击"图像"→"调整"→"色彩平衡"按钮，然后进行调节。在调色的时候要注意，不要将色彩纯度调得过高，只需要调整出一点淡淡的冷色调的感觉，如图 2-5-4 所示。

在色调调整完之后，接下来调整色调的"对比度"。这里的"对比度"主要指两个方面：一是明暗的对比；二是色彩的对比。在这里，整体的头盔是呈较冷的色调，因此在暗部的反光部分就可以新建一个剪贴蒙版图层，在上面添加一些在整体色调基础上相对较暖的颜色，如图 2-5-5 所示。注意这里提到的暖色是相对的暖色，不是绝对的暖色。

图 2-5-3　金属头盔的明暗关系　　　　图 2-5-4　色调调整　　　　图 2-5-5　冷暖色调调整

暗部反光部分所在的图层可以选择混合模式中的"叠加"效果，如图 2-5-6 所示。

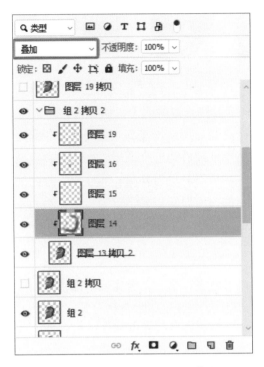

图 2-5-6　混合模式中的"叠加"效果

在为暗部的反光部分添加暖色之后，可以在头盔高光和受光较多的部分添加一个与之对比的冷色，如图 2-5-7 所示。

图 2-5-7　添加冷色

添加冷色的方法与添加暖色大致一样，不同的是，图层的混合模式可以选择"柔光"效果，如图 2-5-8 所示，这个效果可以让冷色逐渐影响到暗部的区域，冷暖过渡更自然。这一步完成后就会形成整体的冷暖对比，让颜色更有层次，整个头盔的体积感也会更强烈。

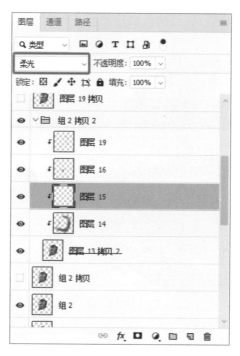

图 2-5-8　混合模式选择"柔光"效果

　　为使头盔的高光形状更具体，可以在此基础上再在暗部边缘处添加相对偏暖色的"反光"效果，从而使头盔表面的形体转折效果更丰富，如图 2-5-9 所示。

　　最后，可以添加一些划痕效果以增加金属头盔的使用痕迹，另外，在头盔的周围加上"光晕"效果会让整个物体显得更有质感，如图 2-5-10 所示。

图 2-5-9　暗部添加偏暖色的"反光"效果

图 2-5-10　金属头盔完成后的效果

　　在掌握普通金属材质绘制方法的基础上，有些情况下希望绘制一些带有纹理或者带锈迹，能体现年代感的金属物品以符合游戏的主题风格，此处以绘制金色兽首头像为例进行分析。按照普通金属的表现方法，先完成一个普通金属质感的兽首头像，绘制金属兽首使用到的笔刷可以选用稍微有些金属材质感的笔刷，这样既可以用力涂抹，画没有材质感的笔触，也可以轻轻涂抹擦出材质的效果。绘制过程中用到的三种颜色,如图 2-5-11 所示。

图 2-5-11　绘制所需的三种颜色

　　绘制所需的三种颜色从左至右,第一个颜色是明度低的深色,深色的主要使用区域主要在眼球的暗部区域、胡须的暗部区域和下巴的底面区域,如图 2-5-12 所示。

　　第二个颜色是一个中间色,也可以理解成物体的固有色,但又比固有色明度较低。中间色使用的区域并不会很多,它主要是用在高光区域与灰部区域过渡的地方,如图 2-5-13 所示。

　　第三个颜色是亮色,亮的明度高但饱和度低,主要使用在亮部与反光的区域,如图 2-5-14 所示。

图 2-5-12　深色绘制的主要区域　　　　图 2-5-13　中间色绘制的主要区域　　　　图 2-5-14　亮色绘制的主要区域

　　在兽首亮面用轻轻涂抹的方式加入墨绿色,同时在暗部加入蓝色,这样既丰富了兽首的颜色又增加了金属年代感的效果,如图 2-5-15 所示。

　　可以按住"Alt"键使用"吸管工具"吸取亮部颜色和暗部颜色,快速地进行深色和亮色的颜色切换,根据光源的走向用轻轻涂抹的方式提亮高光区域和暗部反光区域,注意亮色尽量色相有冷暖的倾向,否则高亮部分会显得很生硬。同时用深色将亮暗交接的部分压实加深,这样可以加强金属反光的效果,如图 2-5-16 所示。

用小细线笔刷表现划痕和锈迹斑块的效果，同时再强调一下整体暗部的反光，就完成了一个有年代感和锈迹的金属兽首，如图 2-5-17 所示。

图 2-5-15　丰富亮部和暗部的颜色　　　图 2-5-16　提亮高光和反光区域　　　图 2-5-17　添加划痕和锈迹

2.5.3　木质材质绘制方法

在表现木质材质之前要先确定木质物品的形状，比如木板的形状、家具的形状或者树木的形状。选择的形状要能体现木质的质感，下面以木板和树桩为例，分别来讲解木质质感的表现方法。

以木板为例，绘制木板时需注意以下几点：第一，木板的表面不要过度平滑；第二，木质材料有纹理层次和色差；第三，木质材料颜色多偏黄或棕，且饱和度相对较高。

绘制木板的第一步是先新建图层，使用"套索工具"（○）画出木板的形状，这里要注意，木板的外轮廓要画得较为锐利，尽量不要使用弧形，如图 2-5-18 所示。

然后，在选区里直接用画笔涂上木板的固有色，按"Ctrl+D"组合键取消选区，如图 2-5-19 所示。

在基本色图层的上方新建一个图层创建剪贴蒙版，然后在该图层上用比基本色明度较高的颜色区分出木板的亮面，同时将颜色的冷暖关系表现出来。这里要注意，亮面的颜色应当有所变化以体现木质斑驳的质感，如图 2-5-20 所示。

图 2-5-18　用"套索工具"画出轮廓　　　图 2-5-19　填充木板固有色　　　图 2-5-20　区分亮部和暗部

选择普通硬边笔刷，单击"画笔面板"按钮（✐），进行笔刷设置，如图 2-5-21 所示。

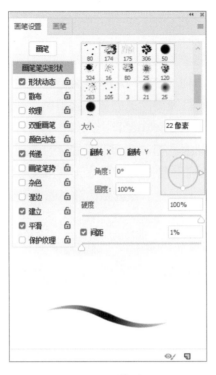

图 2-5-21　笔刷设置

继续新建一个图层创建剪贴蒙版，在该图层上绘制木板的细节，这里注意，刚开始绘制木纹时下笔尽量干净利索，不要一点一点地涂抹而要用长笔触去刻画木纹，如果一笔长笔触画的不是很理想也不要试图用"橡皮擦工具"去修改，而是尽量选择按"Ctrl+Z"组合键后撤一步重新画这一笔。绘制木纹的同时也要注意木纹的疏密变化，尽量避免绘制出来的木纹是平行的，现实中的木纹是错落的，如图2-5-22所示。

木纹的分布基本绘制完毕后就可着手绘制木板细节。在绘制细节时，可以从长笔触逐渐转换成小笔触来刻画细节部分，仍应当遵循由整体到部分的思路去刻画，而不应当选择从一个小的部分开始刻画。细节刻画可以从整体木板的颜色变化入手，让不同木纹之间的颜色明度和饱和度根据光源位置产生变化，并且木纹的明暗交界部分可以画重色突出一下，以强调木纹本身凹陷的空间感。亮部的区域尽量选择饱和度较高的颜色，让每一块亮面和暗面都有明确的造型之后，就可以添加一些弧线形状的木纹和小分枝，以增加木板的美观程度，如图2-5-23所示。

图 2-5-22　绘制木纹

图 2-5-23　刻画细节

　　接下来以树桩为例继续分析木质材质的表现方法，树桩也是游戏场景或者道具中经常会出现的元素。首先，确定树桩的整体形状，这里用铺大色块的方式绘制一个树桩的轮廓和大体的块面，主要选用棕色和黄色来区分树桩不同的面，如图 2-5-24 所示。

　　然后，在不同的面找出颜色变化，在表现颜色变化的同时也要符合树桩横截面和树干的纹理规律。树桩的色彩变化相对木板来说，颜色会更丰富一些，因为树桩是自然生成且没有经过人工加工的，它会受到更多自然中的环境色影响。在绘制树皮所在面的时候笔触可以放松随意一些，因为树皮条纹的形状是不规律的，但是在绘制树桩整体块面的形状时依然要严谨，要符合树桩的基本结构规律，如图 2-5-25 所示。

图 2-5-24　确定树桩的轮廓和固有色

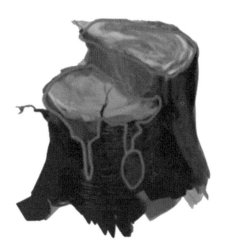

图 2-5-25　丰富颜色变化体现树皮纹理

　　最后，将树皮和横截面的沟壑与纹理表现完整，如图 2-5-26 所示。

图 2-5-26　添加沟壑纹理效果

2.5.4 透明材质绘制方法

透明材质的表现多用于一些宝石类的游戏道具中，这些透明的物体由于透光和反光的效果较强，看似难以表现，只要掌握正确的方法，这些物体的表现并不难。以下分别以原石、琥珀、水晶和蜜蜡这四个物体为例来讲解透明材质的表现方法。

以原石为例进行分析，原石一般指的是刚开采出来未经过加工的矿石，由于它的非人工特点，所以它的形状并不是规则的。可以先使用"套索工具"（◯）或者"多边形套索工具"（◇）来绘制一个不规则的形状，它的轮廓既可以有平滑的区域，也可以有锐利的区域，这样的轮廓才能体现矿石原有的转折起伏的质感。轮廓选区完成后填涂一个固有色，然后按"Ctrl+D"组合键取消选区，如图 2-5-27所示。

大体轮廓和固有色确定之后，可以新建一个剪贴蒙版图层，在该图层上使用一些本身带有石头纹理质感的笔刷，在原石形状上随意地点几笔，画出原石的基本块面和基本质感，如图 2-5-28 所示。

图 2-5-27 绘制轮廓并添加固有色　　　　图 2-5-28 用纹理笔刷添加质感

再在这个图层上面新建一个剪贴蒙版图层，然后将该剪贴蒙版图层的混合模式更改为"颜色减淡"，依然用带有石头纹理质感的笔刷以点的方式画出透光的效果，如图 2-5-29 所示。

图 2-5-29 制作透光效果

接下来绘制原石的暗部，因为矿石的结构特点，所以原石的暗部是分布不均的，继续在上面新建一个剪贴蒙版图层，使用"套索工具"将暗部的形状勾出来，然后继续用石头纹理的笔刷选一个比原石固有的蓝色明度低且偏紫一点的颜色画出暗面，注意暗面的整体色调要相对偏暖一些。同时暗部最暗的部分应当是暗部与亮部的明暗交接部分，此部分要着重强调一下，选一个比原石固有蓝色饱和度低的颜色，使用一个柔边笔刷在原石的右下角画出反光的效果，这样整个原石的颜色和明度的渐变效果就基本完成了，如图 2-5-30 所示。

下一步对原石的暗角进行表现，继续新建一个剪贴蒙版图层，用柔边画笔将刚才绘制反光的颜色绘制在原石的周围，让周围的明度和饱和度相对减弱一点，但不要影响中间高亮的部分。这样原石整体的透光感就基本完成了，如图 2-5-31 所示。

对原石进行形态的整理，这一步其实就是在暗部基础色上用相对更暗的颜色来表现原石上面的一些小切面的效果，这些小切面的数量可以根据具体情况而定，如图 2-5-32 所示。

图 2-5-30　绘制暗部色彩　　　　　图 2-5-31　调整暗部明度　　　　　图 2-5-32　暗部添加小切面

小切面添加完成后，可以在一些块面转折形成的边缘位置，用明度偏高且色相偏紫的颜色添加一些较小的切面，如图 2-5-33 所示。

最后，再新建一个普通图层，使用柔边笔刷选一个比原石固有色较亮的颜色绘制出光晕的效果，然后就完成原石的绘制了，如图 2-5-34 所示。

图 2-5-33　转折处添加小切面　　　　　　图 2-5-34　添加光晕效果

第二个案例是琥珀。琥珀是一种透明的生物化石，颜色大多呈红色或黄色，其内部往往有生物的残骸。同绘制原石一样，先确定琥珀的具体轮廓，这一步的方法和原石轮廓的绘制方法一样，同样选择一个较暗的颜色，如图2-5-35所示。

在上面新建一个剪贴蒙版图层，使用柔边笔刷选择饱和度和明度较高的颜色去表现琥珀表面柔和的形体转折变化，如图2-5-36所示。

继续新建剪贴蒙版图层，用亮色画一些絮状的形态来表现琥珀内部的高亮部分，如图2-5-37所示。

图2-5-35　绘制轮廓并添加固有色

图2-5-36　绘制形体转折变化

图2-5-37　绘制内部高亮

然后，在形体转折的部分使用硬边的笔刷选择暗色再强调一下，如图2-5-38所示。

使用柔边的笔刷将明暗过渡虚化一下，使其更柔和，以体现出那种被打磨过的效果，如图2-5-39所示。

再次新建一个剪贴蒙版图层来绘制高光部分。在琥珀的绘制过程中，高光的部分既能体现质感，也是强调形体锐利的一种手段。可以用"套索工具"勾勒出高光的形状，然后用柔边笔刷选择亮色涂抹出高光。这里注意不同位置高光的明度变化，高光的明度不要一成不变，否则很容易显得死板，如图2-5-40所示。

图2-5-38　强调转折部分

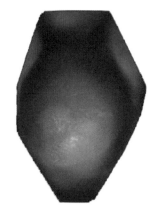
图2-5-39　添加打磨的质感

图2-5-40　绘制高光部分

下一步，新建一个剪贴蒙版图层绘制反光的部分，琥珀反光的部分在光照的位置，这里继续使用柔边笔刷在受光的位置画出反光效果。此处注意反光的颜色一般受到光线的影响，其饱和度相较于琥珀其他位置较低，但比高光的部分饱和度高。同时，反光的明度不能超过高光，因为高光是整个琥珀画面中最亮的部分，如图 2-5-41 所示。

　　最后，新建一个普通图层，使用柔边笔刷用涂和点结合的手法画出光晕的效果，这样就完成了整个琥珀的绘制，如图 2-5-42 所示。

图 2-5-41　绘制反光部分

图 2-5-42　添加光晕效果

　　第三个案例是水晶。水晶是一种晶体矿物质，通常会呈现各种不同的颜色，像玻璃一样透明，经常呈现六棱柱状，在游戏中经常作为魔法的象征或载体。绘制水晶的第一步同样是确定轮廓和固有色，如图 2-5-43 所示。

　　在上面新建剪贴蒙版图层，表现出底色渐变，渐变色以水晶本身紫色的固有色为基础，偏蓝、粉、白就可以，笔刷选择柔边笔刷，如图 2-5-44 所示。

　　继续新建剪贴蒙版图层，然后任意选择一个带有材质的笔刷，随意地在这个图层上点出光泽的效果，光泽没有特殊规律，这是由水晶的物理特性决定的，在光泽不同的位置区分出亮度差异即可，如图 2-5-45 所示。

图 2-5-43　绘制轮廓并添加固有色

图 2-5-44　绘制水晶渐变色

图 2-5-45　制作光泽效果

　　新建剪贴蒙版图层，用亮色根据水晶的造型结构绘制出高光，这里的高光既可以表现物体的质感，也可以表现物体的块面结构，高光一般在面和面转折的区域，如图 2-5-46 所示。

　　新建剪贴蒙版图层，在水晶上面的面也就是朝向光源的面，用"套索工具"勾勒出形状，然后用柔边笔刷绘制反光的效果。同时，水晶底部边缘也随边缘的走向加入反光的效果，如图 2-5-47 所示。

　　新建普通图层，使用柔边笔刷画一些发光的效果就完成了水晶的绘制，如图 2-5-48 所示。

图 2-5-46 添加高光部分

图 2-5-47 添加反光效果

图 2-5-48 添加发光效果

第四个案例是蜜蜡。蜜蜡也属于琥珀的一种，只是它的透光度比起以上三个物体相对差一些，且蜜蜡也没有特殊的造型特征。绘制蜜蜡时先确定基本轮廓和固有色，这里选用的固有色饱和度要偏高一点，如图 2-5-49 所示。

在其上面新建剪贴蒙版图层，在这个图层上绘制一层底色。底色的色调相对于固有色来说较冷，色相偏黄和绿一些，让整个物体的色调产生较强的冷暖对比，由内至外，由冷至暖，如图 2-5-50 所示。

继续新建剪贴蒙版图层，用带有材质的笔刷在底色区域由内至外地加入亮色，这里注意亮色的冷暖是介于蜜蜡固有色和上一步绘制的底色之间的，如图 2-5-51 所示。

图 2-5-49 绘制轮廓并添加固有色

图 2-5-50 添加色彩冷暖变化

图 2-5-51 添加亮色

新建剪贴蒙版图层，在边缘暖色靠内的位置绘制一圈冷色，让蜜蜡产生内外层次感的效果，同时在朝向光源的位置绘制高光，此处的高光不是一片亮色，而是许多点状亮色的集合，这是由蜜蜡本身的质感特性决定的，如图 2-5-52 所示。

新建剪贴蒙版图层，使用画笔在中间部分画一个蜘蛛的影子，注意画的时候蜘蛛影子要有虚实变化，表现出若隐若现的效果，如图 2-5-53 所示。

新建剪贴蒙版图层，使用带有质感的笔刷选择偏冷的亮色来表现蜜蜡表面粗糙的质感，同时把受光部分的高光明度略微降低一点，蜜蜡的绘制就完成了，如图 2-5-54 所示。

图 2-5-52　边缘添加冷色增加层次感

图 2-5-53　添加蜘蛛的影子

图 2-5-54　添加粗糙的质感

2.5.5　布料材质绘制方法

在绘制布料材质之前，要先了解布料的基本物理特性：它会随着重力的方向下垂。如果布料的上方有一个支点，那么它的纹路就会随着重力向四周的斜下方扩散，如图 2-5-55 所示。

下面以一个支点的形态绘制一块同时具备丝质和麻质两种质感的布料作为案例。可以使用柔边笔刷将布料的大致色彩关系和明暗关系画出：上面的丝质部分偏黄，下面的麻质部分偏绿；根据光源和质感画出上面明下面暗的效果。这一步不需要对形状把握得过分严谨，可以在后面的步骤中慢慢整理出它的形状，如图 2-5-56 所示。

使用硬边笔刷处理布料的整体造型和明暗关系，明确地区分出布料上下部分的色相，如图 2-5-57 所示。

图 2-5-55　用草图绘制布褶下垂的走势

图 2-5-56　绘制明暗关系与色彩关系

图 2-5-57　整理布的造型并区分上下部分的色相

把向斜下方下垂的布褶背光的暗部表现出来，注意这里的暗部阴影颜色选择比固有色相对偏暖的颜色，暗部阴影的颜色要有变化才不死板，阴影可以由上至下逐渐变弱，如图 2-5-58 所示。

通过绘制布料亮面的部分可以表现出不同材质的特点。此处可以把握一个规律：不同质感的布料，它们的反光率和细微的褶皱数量是不同的。在这个案例中，布料上面丝质部分的反光率相对会高一些，而细小的褶皱就相对少而平均一些。所以，可用小号的笔刷选择亮色和细碎的笔触去表现丝质部分的亮部，同时也要适时地调整暗部明度去衬托亮部，这样亮部的亮色才能真正地从整个画面里提亮。最后可以在布料丝质的下方画一些碎蕾丝边作为装饰，如图 2-5-59 所示。

图 2-5-58 处理暗部颜色冷暖变化

图 2-5-59 绘制上部丝的质感

绘制布料下面麻质的部分时，可以选择带有一些材质的笔刷来表现麻质粗糙的材质，如图 2-5-60 所示。

图 2-5-60 选择带有材质的画笔

此处要注意，麻质的反光率比上面的丝质部分的反光率明显要低。绘制麻质部分的亮面时，不要用明度过高的亮色，同时麻质部分的褶皱要比丝面多，可以在麻质的亮面添加一些细微的块面转折效果，如图 2-5-61 所示。

由于麻质本身的反光效果较差，将麻质部分暗部阴影颜色的饱和度降低，同时将布料下方的颜色饱和度整体调低，这样会有一种褪色的感觉，可以体现使用过的痕迹，如图 2-5-62 所示。

在麻质部分的暗部里加一些褶皱效果，注意整块布料光源的统一，麻面暗部的阴影色整体明度不要超过丝面的部分。然后将布料的下摆部分做虚化处理，表现布料整体的虚实变化感就完成了，如图 2-5-63 所示。

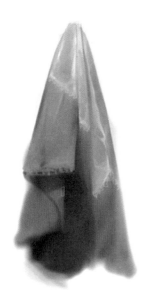  

图 2-5-61　绘制麻质部分的亮部颜色　　图 2-5-62　表现麻质部分的使用痕迹　　图 2-5-63　麻质部分的褶皱效果与虚实变化

2.5.6　人物皮肤质感绘制方法

皮肤质感的表现是提升人物原画艺术表现力的有效手段之一，以一个女性人物画的案例来介绍如何用"罩染法"表现女性皮肤质感。"罩染法"也称"叠色法"，是指先表现对象素描关系，再在素描关系的基础上叠加上色的一种绘画技法。

先用线条把人物比例关系和大体的明暗关系确定，如图 2-5-64 所示。

用黑白灰色铺垫底色，然后从五官入手展现素描关系，注意把握五官的结构特征和明暗关系，刻画暗面的时候要重点展现明暗交界线；受光面要注意展现距离光源远近不同而形成的明暗变化。另外，要注意区分头发、面部及衣着的固有色，如图 2-5-65 所示。

图 2-5-64　用线条确定人物比例关系和大体的明暗关系

图 2-5-65 绘制素描关系

使用颜色图层铺垫固有色，在最上方新建一个透明图层，使用画笔的喷枪模式铺垫头发、皮肤与衣着的固有色，注意三者之间的色相与明度差异，如图 2-5-66 所示。

图 2-5-66 铺垫固有色

再在最上方新建一个透明图层，图层的混合模式改为"叠加"，在鼻子、脸颊、嘴巴等毛细血管较多的区域用喷枪添加红润的颜色，以增强女性皮肤柔美、细腻的感觉，如图 2-5-67 所示。

图 2-5-67　绘制皮肤红润的效果

为区分人物与背景之间的空间关系，将背景颜色的色相调整为较冷的感觉，如图 2-5-68 所示。

图 2-5-68　表现人物与背景的空间关系

刻画头像与背景的虚实关系，将虚与实交替处理以体现虚实的层次感，如图 2-5-69 所示。

图 2-5-69　表现虚实关系

表现皮肤的质感与五官的刻画。选中最上方的图层，按" Ctrl+Alt+Shift+E"组合键，盖印一个新图层（将图层中可见图层进行合并），然后在菜单栏中单击"滤镜"→"杂色"→"添加杂色"按钮，调出添加杂色的编辑框，设置参数为皮肤增加质感，如图 2-5-70 所示。

图 2-5-70　添加杂色为皮肤增加质感

思考与练习

思考题

经过本模块的学习，我们已经了解了数字绘画所需的软硬件环境，并初步学习了数字绘画常用软件 Photoshop 的使用方法和数字绘画的一些常用技巧。为了巩固所学的知识，以及在项目中灵活地运用这些知识，请按要求完成练习。图 2-6-1 所示的是红军在"龙源口战斗"中使用的军号，请以该军号为主要设计元素，使用 Photoshop 软件绘制一幅写实风格的插图，插图尺寸为 1024 像素 ×1024 像素，文件保存为 PNG 格式。

图 2-6-1　"龙源口战斗"中使用的军号

练习题

1. 在 Photoshop 中利用"渐变工具"创建从黑色至白色的渐变效果，如果想使两种颜色的过渡非常平缓，下列操作有效的是（　　）。

　　A. 使用"渐变工具"做拖动操作，距离尽可能拉长

　　B. 将利用"渐变工具"拖动的线条尽可能拉短

　　C. 将利用"渐变工具"拖动的线条绘制为斜线

　　D. 将"渐变工具"的不透明度降低

2. 将 CMYK 模式的图像转换为多通道模式时，产生的通道名称是（ 　 ）。

    A. 青色、洋红、黄色、黑色

    B. 青色、洋红、黄色

    C. 四个名称都是 Alpha 通道

    D. 四个名称都是 Black（黑色通道）

3. 下列（ 　 ）内部滤镜可以实现立体化效果。

    A. 风

    B. 等高线

    C. 浮雕效果

    D. 撕边

4. 下列关于分辨率的描述，不正确的是（ 　 ）。

    A. 图像分辨率的单位是 dpi，是指每英寸内所包含的像素数量

    B. 图像的分辨率越低意味着每英寸所包含的像素越多

    C. 分辨率越高的图像就有越多的细节，颜色的过渡就越平滑

    D. 图像分辨率的高低决定了图像尺寸的大小

模块 3 游戏 UI 设计基础

o—【学习目标】

知识目标•

（1）了解游戏 UI 在游戏中的应用场景和作用。

（2）了解游戏 UI 的一般设计流程及通用设计原则。

能力目标•

（1）掌握游戏 UI 的基本设计思路与技巧。

（2）掌握游戏 UI 设计中图标、按钮、界面、字体等典型工作内容的绘制方法。

素养目标•

（1）增强游戏美术设计的规范意识。

（2）树立热爱劳动、爱岗敬业的工匠精神。

（3）增强对中国传统文化的认同感，坚定文化自信。

o—【模块导读】

一款优秀的游戏往往令人印象深刻，除了游戏内在的可玩性和交互性外，其独特的美术风格也常常是吸引玩家的地方。当玩家尝试不同风格的游戏时，会注意到不同游戏的 UI 设计风格是非常不同的，风格上的不同一般会恰当地展现当前游戏的主题和调性，让玩家不会有违和感。一款优秀的游戏，其 UI 设计也往往具备独特而鲜明的视觉辨识度，这种辨识度既是美术风格的独特，也是某种文化表达的独特，如中国风、赛博朋克等。随着我国游戏产业的迅速发展，游戏美术设计也从最初对美日风格的模仿，逐步发展出中国风等独特的风格，这种基于传统文化的表达和自信将支撑游戏行业走得更远。

任务 3.1 游戏 UI 设计认知

广义上的用户界面（user interface，UI）是用户与系统之间进行交互的媒介，它可以实现信息的内部形式与用户可以接受的外部形式之间的转换。狭义上的 UI 更多指的是基于用户图形界面（graphical user interface，GUI），即传统意义上的游戏 2D UI 界面。而对于游戏设计开发而言，游戏 UI 设计指的是游戏软件中人机交互、操作逻辑、界面美观的整体设计。总的来说，游戏 UI 设计主要针对游戏界面、游戏道具、图标设计、登录界面等方面。其中游戏界面又包含网页游戏界面、客户端游戏界面等，形式多变。在游戏中，可以说 UI 设计无处不在。

3.1.1　游戏 UI 设计原则

游戏 UI 是一个视觉化的界面，能让玩家完成交互。但在游戏过程中，玩家会在什么时候注意到 UI 的存在？当 UI 设计得非常难用时，玩家会注意到 UI 的存在。比如，玩家找不到目标信息。与之相比，好的 UI 体验往往是当玩家试图寻找某个功能时，很快便能找到目标界面，整个过程没有太多刻意的思考。很多时候玩家倾向 UI 在游戏中以一种不被人注意的方式呈现，来完成处理玩家输入和反馈信息的任务，即"好的设计是无形的"。但如果它无法保证玩家与游戏之间的高效交流，玩家处理游戏信息的成本过高，这样的 UI 势必令人诟病。无论是玩家无法找到目标界面，还是信息的呈现方式过于复杂，这些情况都会打破玩家的沉浸感，让玩家的注意力从游戏本身转移到如何解决 UI 问题上面。

1. 视觉流的引导

视觉流就是人们在查看游戏界面时的视觉流程。对于操作的热区范围，单从眼睛运动的轨迹来看，眼睛对于物体的关注本身是有一定的视觉规律的，如最简单的从上到下、从左到右的规律。但眼睛的视觉流可以通过对界面控件合理的层级罗列、恰当的布局进行有效的引导。

2. 界面简洁，操作便捷

游戏界面要简洁美观、避免杂乱，这样更便于玩家操作，减少使用上的错误。

3. 色彩倾向与层次

界面设计中要有一个主要的色彩的基调，也就是主色调。画面中的色彩不宜过多，不同色系最好不要超过 3 种。

4. 风格的一致性

界面设计的风格、结构要与游戏的主题风格和游戏内容保持一致，优秀的游戏界面设计大都具备这个特点。

5. 习惯与认知

在界面设计操作上的难易程度、菜单层级，尽量不要超出大部分游戏玩家的认知范围，并且要考虑大部分游戏玩家在与游戏互动时的习惯。

3.1.2　游戏 UI 设计应用场景

移动互联网应用或者传统软件的 UI 设计通常更突出信息、追随潮流，而游戏 UI 的图标、界面边框、登录器等最常出现的内容几乎都是需要手绘的。并且需要设计师去了解游戏的世界观，根据游戏独特的美术风格去发挥想象。其他类型的 UI 设计承载的是其产品的内容本身，而游戏 UI 承载的是游戏的内容与玩法，本质上都是引导用户和玩家进行流畅的操作。游戏本身的特点也决定了游戏 UI 设计和其他 UI 设计在视觉表现、复杂程度和工作方式等方面的不同，如《王国保卫战》的 UI 设计。

《王国保卫战》的登录界面如图 3-1-1 所示。

图 3-1-1 《王国保卫战》的登录界面

《王国保卫战》的主界面如图 3-1-2 所示。

图 3-1-2 《王国保卫战》的主界面

主界面相应的二级界面如图 3-1-3 所示。

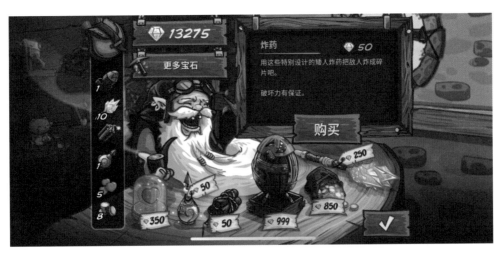

图 3-1-3 二级界面

游戏操作界面如图 3-1-4 所示。

图 3-1-4　游戏操作界面

任务 3.2　游戏 UI 图标设计

3.2.1　设计需求分析

图 3-2-1　箭头元素技能图标

在掌握了一些数字绘画的基础知识之后，下面来进行游戏 UI 图标的绘制，图 3-2-1 所示的是一个箭头元素的游戏技能图标，接下来学习绘制这个图标的方法。图标是游戏 UI 设计的重要组成部分，也是游戏 UI 最重要的元素。技能图标一般出现在动作类和角色扮演游戏中，代表着角色的某种主动或被动技能。此类技能图标在游戏中一般展现面积不大，且因为图标较小，细节刻画对图标的视觉效果影响不大，只有强对比才能有效提升图标的画面质感，所以这类图标需要特别注意加强画面的对比度。完成后的图标分为前景和背景两部分，前景的箭头着重表现金属质感和箭头的造型结构，背景主要体现光感，增加画面的动感，色彩以蓝灰的冷色调为主。在图标的绘制过程中，会用到 Photoshop 的一些基础功能，包括画笔工具、选区的技巧、图层的编辑等。

3.2.2　UI 图标概念草图

在了解 UI 图标的设计需求之后，一般会根据游戏的美术风格和角色技能的特点，使用比较随意的笔触绘制一些草图作为设计思路的尝试，可以使用 Photoshop 的笔刷工具展现和记录创意，当然也可以使用纸笔等来完成。在绘制的过程中，尽可能地多尝试一些方案，然后选择最满意的一个方案。需要注意的是，图标的视觉元素不宜过少或过多，因为图标的展现面积很小，玩家很可能会因为看不清楚而无法识别。图 3-2-2 是两个图标的草图，有着不同的结构，可以作为参考。

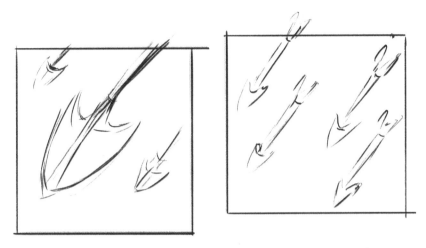

图 3-2-2　技能图标概念草图

3.2.3　UI 图标线稿绘制

步骤 1：绘制图标的轮廓，打开 Photoshop 软件，新建一个图层，使用画笔工具，绘制箭头的基本轮廓，如图 3-2-3 所示。

步骤 2：进一步绘制箭头的具体细节，在绘制图标轮廓的过程中，注意箭头透视角度很大，有一定弯曲变形，因此要适当地把这种透视变形表现出来，以增强画面的表现力，如图 3-2-4 所示。

图 3-2-3　技能图标基本轮廓

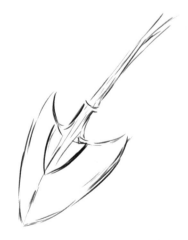

图 3-2-4　技能图标细节

3.2.4　UI 图标色稿绘制

步骤 1：为刚刚的线稿上色，使用工具栏中的"套索工具"，沿着图 3-2-4 的轮廓绘制一个选区，如图 3-2-5 所示。

步骤2：双击"前景色"面板，在弹出的色板中选择深灰色，按"Ctrl+Backspace"组合键将箭头选区填充深灰色，如图3-2-6所示。

图3-2-5 为技能图标绘制选区范围

图3-2-6 为技能图标填充颜色

步骤3：取消选区，将前景色设为浅灰色，使用笔刷工具为箭头绘制基本的光影。注意为了方便绘制，可以将该技能图标的完成图放在旁边作为参考，这样可以提高绘制的效率，如图3-2-7所示。

步骤4：在完成基础光影关系后，继续为箭头图标添加光影细节。在绘制这种金属类型的物体时，一般要绘制一个亮面，再绘制一个暗面的反光，然后在中间加强它的对比度，如图3-2-8所示。

图3-2-7 为技能图标绘制基本光影

图3-2-8 为技能图标添加光影细节

步骤5：选取一个浅一点的灰色作为高光色，在边缘和结构转折处为箭头绘制高光，注意高光要有变化，边缘分离处高光要做一点强化处理，如图3-2-9所示。

步骤6：调整箭头的整体比例，使用变形工具进行调整，如图3-2-10所示。

图 3-2-9　为技能图标绘制高光

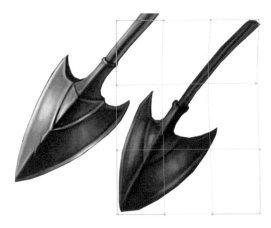

图 3-2-10　调整技能图标整体比例

3.2.5　UI 图标细节刻画

步骤 1：在光影和结构绘制完成之后，为单色的图标添加一层蓝灰色的遮罩图层，并适当添加一些划痕等细节，如图 3-2-11 所示。

图 3-2-11　技能图标划痕细节绘制

步骤 2：为箭头图标添加蓝色的光效背景，铺一个底色作为背景，绘制一些柔软的变化作为"气势"的元素，添加溅射的光线，为光线添加醒目的高光效果，如图 3-2-12 所示。

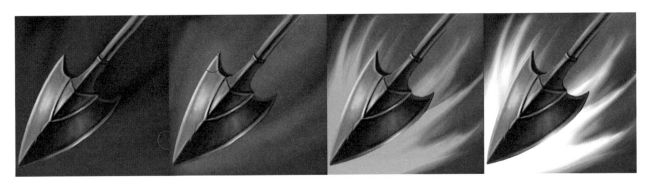

图 3-2-12　技能图标背景光效绘制

3.2.6　UI 图标定稿及输出规范

在完成技能图标的制作之后，可以将文件的背景隐藏，将图片的尺寸设置为 512 像素 × 512 像素，最后将图标文件另存为 PNG 格式，技能图标最终完成效果如图 3-2-13 所示。

图 3-2-13　技能图标最终完成效果

任务 3.3　游戏 UI 按钮设计

3.3.1　设计需求分析

在完成游戏 UI 图标的制作之后，下面来学习另外一个有趣的案例——设计一个游戏 UI 按钮。按钮是游戏 UI 的重要组成部分，也是游戏 UI 最重要的元素之一。接下来绘制的这个按钮，如图 3-3-1 所示，是带有一些卡通风格，造型比较规整的，可以用在魔幻、写实、FPS、科幻等类型的游戏项目中。完成后的按钮呈现黄褐色调，结构分成底座和按钮主体两层，每层分为亮部、中间色和暗部三部分，按钮主体还包含了高光、文字及暗花等元素。在按钮的绘制过程中，会用到 Photoshop 的一些基础功能，包括创建形状、为形状填色、选区的技巧、文字工具、使用常用的图层效果制作阴影等。

图 3-3-1　游戏按钮

3.3.2　UI 按钮概念草图

在了解 UI 按钮的设计需求之后，可以先使用比较随意的笔触绘制一些草图作为设计思路的尝试，在尝试的过程中，尽可能地多绘制一些不同的方案，然后选择一个满意的方案。在按钮设计过程中，注意信息的传达要明确清晰，不要因为美术风格而忽略了信息传达的重要性，游戏按钮的概念草图可以作为参考，如图 3-3-2 所示。

图 3-3-2　游戏按钮概念草图

3.3.3　UI 按钮基本结构绘制

步骤 1：打开 Photoshop 软件，选择一个近似胶囊的形状，绘制一个按钮主体部分的轮廓。可以使用 Photoshop 的形状工具来完成绘制，单击工具栏下方的形状工具，在 Photoshop 顶部菜单右侧找到形状选择按钮，单击此按钮打开选择面板，在形状预设中选择胶囊形状，如图 3-3-3 所示。

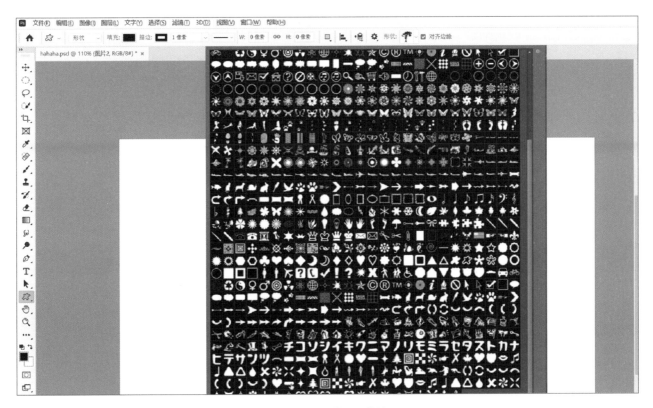

图 3-3-3　形状工具的使用

使用形状工具在画布中间区域，按住鼠标左键拖出一个胶囊形状，松开鼠标完成创建，绘制的游戏按钮轮廓如图 3-3-4 所示。

图 3-3-4　绘制的游戏按钮轮廓

修改形状的颜色，选中胶囊形状，在 Photoshop 顶部菜单左侧找到"填充"选项，单击右侧的颜色块按钮，在弹出的色板中选择第二个单色色板，在下方颜色中选择一个深一点的黄色填充底色，如图 3-3-5 所示。

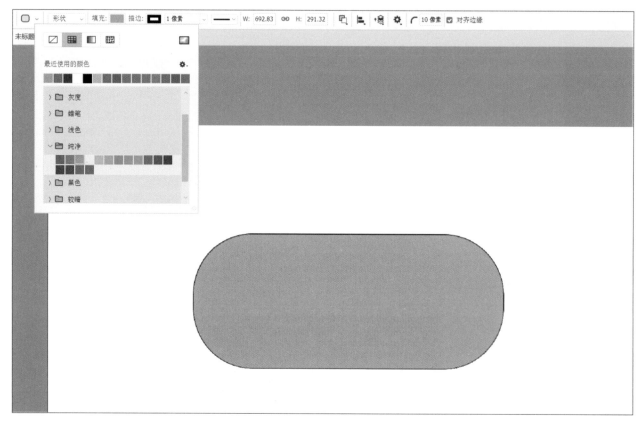

图 3-3-5　游戏按钮底色填充

步骤 2：为按钮主体部分绘制渐变色。在"图层"面板下方单击"新建图层"按钮，创建一个新图层，如图 3-3-6 所示。

选择新创建的图层，按住"Alt"键的同时将鼠标箭头放到新图层和形状之间的区域，在弹出的箭头图标处单击，将新图层设为形状的链接图层，如图 3-3-7 所示。

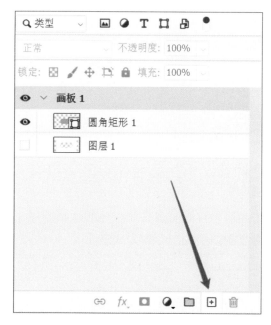

图 3-3-6　新建图层

图 3-3-7　新建形状的链接图层

选择工具栏中的"渐变编辑器",设置渐变色为深浅黄色渐变,如图 3-3-8 所示。

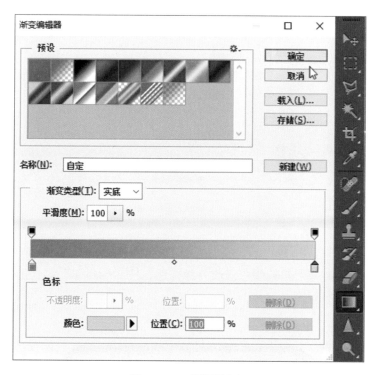

图 3-3-8　设置渐变色

单击"渐变工具",按住鼠标左键在按钮区域上下拖动,绘制渐变色效果,如图 3-3-9 所示。

图 3-3-9　绘制渐变色效果

　　步骤3：绘制底座的图形，方法与绘制按钮主体的方法类似，首先右击按钮主体的形状图层，在弹出的菜单中选择"复制图层"选项，如图 3-3-10 所示，将复制图层的图形作为底座图层。

图 3-3-10　"复制图层"

　　选择复制出的底座形状，将形状的颜色修改为深棕色，按"Ctrl+T"组合键使用自由变换工具调整底座的大小，如图 3-3-11 所示。

图 3-3-11　调整底座的大小

3.3.4　UI 按钮光影关系绘制

　　步骤 1：在完成基本结构的基础上为按钮添加基本的光影关系，塑造按钮的立体效果。先绘制按钮主体的亮部和暗部结构，选择按钮主体形状，再复制一次，对复制出来的形状使用"钢笔工具"，通过调整形状曲线节点形成如图 3-3-12 所示的形状。

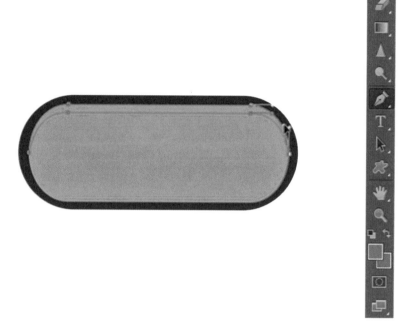

图 3-3-12　调整形状曲线节点

选中调整好的亮部形状，在形状色板中为它填充浅黄色，如图 3-3-13 所示。

图 3-3-13　填充浅黄色

　　选择亮部形状，再复制一份并将其作为暗部形状，使用"垂直翻转"调整暗部形状的方向，如图 3-3-14 所示。

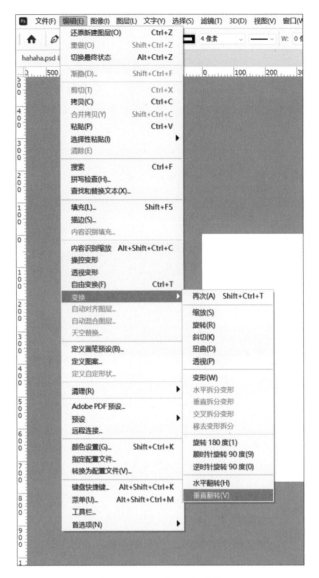

图 3-3-14 "垂直翻转"

使用"移动工具"将暗部形状放置在按钮下方，并将暗部形状的颜色更改为如图 3-3-15 所示的颜色。

图 3-3-15 更改暗部形状的颜色

步骤 2：显示之前的渐变色，并综合调整亮部和暗部的颜色，使整个颜色关系协调一致。使用"椭圆选区工具"在按钮主体左上方拖出一个高光轮廓，并将前景色改为白色，按"Ctrl+Backspace"组合键将高光轮廓填充为白色，效果如图 3-3-16 所示。

步骤 3：接下来为按钮添加文字，选择工具栏中的文字工具，在文本框中输入"PLAY"字符，并在顶部菜单中修改字体的样式和大小，整体效果如图 3-3-17 所示。

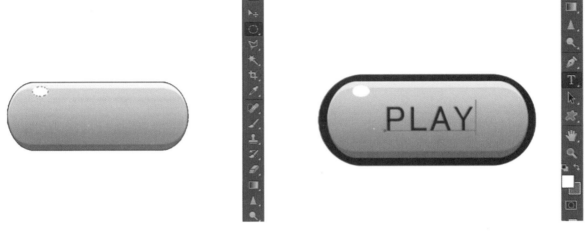

图 3-3-16　将高光轮廓填充为白色　　　　　图 3-3-17　文字绘制

3.3.5　UI 按钮细节刻画

步骤 1：现在按钮已经具备了基本的形态，接下来为按钮添加更多的细节，进一步调整各部分的形状和颜色。调整字体，为底座添加阴影细节，使用同样的方法，复制底座形状，调整底座形状并将形状颜色改为深棕色，如图 3-3-18 所示。

图 3-3-18　细节调整

使用相同的方法为底座添加亮部结构，如图 3-3-19 所示。

图 3-3-19　为底座添加亮部结构

步骤 2：为按钮添加阴影细节，双击底座形状图层，在弹出的"图层样式"编辑器中分别为图层添加"描边"和"投影"效果，如图 3-3-20 所示。

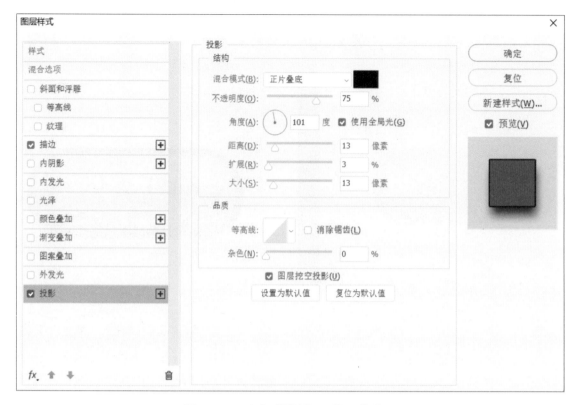

图 3-3-20 添加"描边"和"投影"效果

步骤 3：用相似的方法使用形状工具绘制一些暗纹图案，可以选择星形或其他预设形状来完成，游戏按钮最终完成效果如图 3-3-21 所示。

图 3-3-21 游戏按钮最终完成效果

3.3.6 UI 按钮定稿及输出规范

在最终完成游戏按钮制作之后，可以将文件的背景隐藏，将图片尺寸设置为 640 像素 × 480 像素，并另存为 PNG 格式文件。

任务 3.4　游戏 UI 界面设计

3.4.1　设计需求分析

在完成游戏按钮的设计之后，下面将尝试完成一个中国风的 UI 界面设计[1]。界面是 UI 游戏视觉系统的核心元素，它对游戏的整体风格调性的展现起着关键的作用，是最重要的 UI 视觉元素。中国风的 UI 设计造型通常比较简洁，会使用纯度比较高的颜色形成比较整洁和通透的效果，有一种轻薄的质感。图 3-4-1 所示是一个典型的中国风界面，它在设计上采用暖棕色调，大体分为四个区域，包括顶部标题区和下方三个功能展示区。整体造型采用木纹和金属饰物搭配的风格，包含一些中国传统纹样，大部分区域采用亮色留白的手法，整体风格简洁明亮。

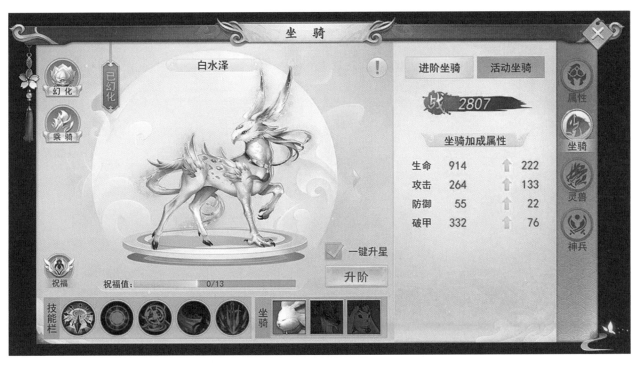

图 3-4-1　中国风的 UI 界面

3.4.2　UI 界面概念草图

在了解 UI 界面设计的需求之后，可以先收集一些中国风的图案和纹样，以及一些经典中国风游戏界面截图，这些能提供一些初期的设计灵感。然后可以用比较随意的笔触勾画一些草图作为设计思路的尝试，在这个过程中逐步探索界面布局、造型风格等设计元素，逐步细化设计灵感。图 3-4-2 所示的 UI 界面概念草图可以作为参考。

---

[1] 界面：本任务的界面指页面，界面设计指狭义的页面设计。

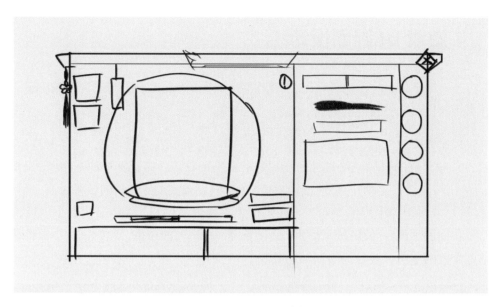

图 3-4-2　UI 界面概念草图

3.4.3　顶部木条元素绘制

步骤 1：首先打开 Photoshop 软件绘制一个顶部木条的基本形状。可以使用 Photoshop 的"钢笔工具"来完成，选择工具栏中的"钢笔工具"，依次单击结构点形成木条的基本形状，如图 3-4-3 所示。

图 3-4-3　顶部木条轮廓绘制

步骤 2：为木条着色，选择形状选区为木条区域填充棕色，并双击木条图层，在弹出的"图层样式"编辑器中为木条图层添加"斜面和浮雕"效果和"投影"效果，如图 3-4-4 所示。

图 3-4-4　顶部木条填充基础色

步骤 3：为单色的木条添加一些颜色的变化，在木条图层上新建一个图层，使用一个柔软的笔刷绘制一些浅色，如图 3-4-5 所示。

图 3-4-5　顶部木条绘制色彩细节

步骤 4：使用相同的方法，用"钢笔工具"绘制一个兽首的纹样并为其填充浅棕色，在此图层添加"斜面和浮雕"的图层样式，如图 3-4-6 所示。

图 3-4-6　顶部木条绘制兽首的纹样

步骤 5：调整木条整体的比例，还可以叠加一层木质的纹理以增加细节，图层叠加模式可以选择"柔光"，如图 3-4-7 所示。

图 3-4-7　叠加纹理

3.4.4　金属装饰绘制

步骤 1：使用"钢笔工具"勾画金属饰物的轮廓并填充底色，如图 3-4-8 所示。

图 3-4-8　勾画金属饰物的轮廓并填充底色

为金属饰物绘制光影效果，如图 3-4-9 所示。

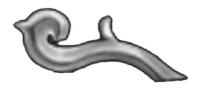

图 3-4-9　为金属饰物绘制光影效果

将金属饰物和木条匹配好位置和比例，如图 3-4-10 所示。

图 3-4-10　将金属饰物和木条匹配好位置和比例

步骤 2：使用同样的方法绘制木条中间部分的金属饰物，如图 3-4-11 所示。

图 3-4-11　绘制木条中间部分的金属饰物

绘制木条中间文字区的金属边框，注意调整金属饰物各部分的比例关系，如图 3-4-12 所示。

图 3-4-12　绘制金属边框

使用"钢笔工具"绘制文字框的背景，为其添加底色并绘制基础光影，如图 3-4-13 所示。

图 3-4-13　绘制文字框的背景

3.4.5　UI 界面细节处理

步骤 1：将木条中间左侧的金属饰物的图层放到同一组，右击选中的组，在右键菜单中执行"复制组"命令。然后在顶部"编辑"菜单中选择"变换"→"水平翻转"选项，将中间金属饰物和边框镜像复制到另一侧，如图 3-4-14 所示。

图 3-4-14　金属饰物和边框镜像复制

使用同样的方法将木条部分也镜像复制到另一侧，同时调整各部分的比例和位置，如图 3-4-15 所示。

图 3-4-15　木条部分镜像绘制

步骤 2：完成基本的界面布局，使用形状工具绘制长方形并填充颜色，如图 3-4-16 所示。

图 3-4-16　游戏界面主区域绘制

绘制其他侧栏并填充颜色，到此中国风的 UI 界面设计基本完成，如图 3-4-17 所示。

图 3-4-17　游戏界面侧栏绘制

3.4.6　UI 界面定稿及输出规范

在最终完成这个 UI 界面之后，可以将文件的背景隐藏，将尺寸设置为 1920 像素 × 1080 像素，并另存为 PNG 格式文件。

任务 3.5　游戏 UI 字体设计

3.5.1　设计需求分析

在完成 UI 界面的设计之后，接下来学习 UI 字体的设计方法。UI 字体是 UI 游戏视觉系统的中最常见的元素，UI 字体广泛出现在游戏 LOGO（标志）、界面标题、信息页等位置，它对游戏视觉风格的表现以及准确的信息传达都起着重要的作用，UI 字体（标志）也是使用最频繁的 UI 视觉元素之一。本任务会完成一个偏向卡通风格的金属质感的 UI 字体设计，适合在卡通风格、奇幻风格的游戏中使用，完成的效果如图 3-5-1 所示。可以看到这个字体分为明亮的文字层和暗调的背景层：文字层细节丰富，绘制了基础光影、高光、反射、纹理叠加等细节；背景层比较简洁，只有黑色的底层和灰蓝色的侧边；文字层和背景层一亮一暗、一暖一冷、一繁一简，画面对比明显，有效地突出了主体文字，有很好的信息传达的效果。

图 3-5-1　游戏 UI 字体效果

3.5.2　UI 字体概念草图

在了解 UI 字体设计的需求之后，可以用比较放松的笔触勾画一些不同风格的字体结构，尽量多绘制一些不同的方案，然后选择最满意的一个。这个过程可以从不同方向多做一些尝试，也可以寻找一些相似风格的字体设计图作为参考，以获得灵感。UI 字体概念草图可以作为参考，如图 3-5-2 所示。

图 3-5-2　UI 字体概念草图

3.5.3　UI 字体基本结构绘制

步骤 1：打开 Photoshop 软件，在右侧工具栏中单击选择文字工具，然后在绘图区单击，这时软件会自动创建一个文字图层，切换到英文输入法在绘图区出现的文本框处输入大写的"HERO"，创建的基础文字如图 3-5-3 所示。

步骤 2：在图层列表中右击刚才的文字图层，在弹出的命令菜单中选择"转换为形状"选项，如图 3-5-4 所示。

图 3-5-3　创建的基础文字

图 3-5-4　选择"转换为形状"选项

选中转换成功的文字层,在顶部菜单中执行"编辑"→"变换"→"透视"命令,"透视"命令会给文字图层添加控制手柄,如图 3-5-5 所示。

图 3-5-5　执行"透视"命令

拖动文字左上角的控制手柄，让文字形成透视形态，如图3-5-6所示。

选中文字图层，单击左侧工具栏中的"钢笔工具"，按住"Ctrl"键的同时使用"钢笔工具"拖动文字上的锚点，对文字细节进行编辑，如图3-5-7所示。

图3-5-6　让文字形成透视形态　　　　　　　　　　　　　　　　图3-5-7　文字细节绘制

使用上述方法将文字的横向笔画加粗一些，使文字更具力量感，如图3-5-8所示。

图3-5-8　文字横向笔画加粗

步骤3：制作黑色的背景层。首先，复制一个刚才调整后的文字图层。在图层列表中右击文字图层，在弹出的命令菜单中选择"复制图层"选项，如图3-5-9所示，然后，在复制图层上进行修改。

图3-5-9　选择"复制图层"选项

选择新复制出的文字图层，按"Ctrl+T"组合键调出自由变换工具，使用此工具将新的文字图层稍稍放大一些，如图 3-5-10 所示。

图 3-5-10　放大文字图层

选中复制出的文字图层，按"Alt+Backspace"组合键为文字填充颜色，注意这时填充的是前景色，需要把工具栏中的前景色改为黑色，如图 3-5-11 所示。

图 3-5-11　为文字填充颜色

按住"Ctrl"键的同时使用"钢笔工具"依次拖动背景文字上的锚点，使黑色区域连贯成一体，初步完成背景层的制作，如图 3-5-12 所示。

图 3-5-12　文字底层形状调整

继续使用"钢笔工具"调整背景图形的细节，注意凹陷和转角处的衔接，如图 3-5-13 所示。

图 3-5-13　文字底层细节调整

3.5.4 UI 字体光影关系绘制

步骤 1：在完成基本结构的基础上，为 UI 字体绘制基本的光影与反射，塑造 UI 字体的立体效果。选择字体图层，使用"渐变工具"为字体添加黄橙色渐变效果，如图 3-5-14 所示。

图 3-5-14　为字体添加黄橙色渐变效果

按"Ctrl+U"组合键调出"色相 / 饱和度"面板，调整字体整体的颜色，如图 3-5-15 所示。

图 3-5-15　调整字体整体的颜色

步骤 2：绘制反射效果，首先新建一个图层，使用"多边形套索工具"勾画反射的范围，如图 3-5-16 所示。

图 3-5-16　反射范围选区

选择上述图层，使用"渐变工具"为字体添加更深的黄橙色渐变效果，如图 3-5-17 所示。

图 3-5-17　添加更深的黄橙色渐变效果

最后选择文字图层，打开图层样式，为图层添加"内发光"效果，如图 3-5-18 所示。

图 3-5-18　添加"内发光"效果

3.5.5　UI 字体细节处理

步骤 1：为文字图层的边缘绘制高光，假设光源在左上方，可以新建一个图层，使用"画笔工具"选择浅黄色在文字的上方和左侧绘制高光效果，如图 3-5-19 所示。

图 3-5-19　绘制高光效果

步骤 2：使用叠加底纹的操作为字体添加反射细节，首先导入准备好的底纹图片，将底纹图层的叠加方式改为"柔光"，不透明度改为 40%，如图 3-5-20 所示。

图 3-5-20　文字叠加底纹

为背景图层添加结构细节，复制一份背景图层，将复制出来的图层改为深蓝色，使用与上述相同的方法，调节新图层的锚点，使新图层作为原背景图层的边缘，到此这个 UI 字体设计任务就基本完成了，如图 3-5-21 所示。

图 3-5-21　文字最终效果

3.5.6　UI 字体定稿及输出规范

在最终完成这个 UI 字体设计之后,可以将文件的背景隐藏,将图片尺寸设置为 640 像素 × 480 像素,并另存为 PNG 格式文件。

思考与练习

思考题

经过本模块的练习,我们系统地学习了游戏 UI 设计的基本流程和方法,接下来为了巩固所学的知识,以及能在项目中灵活地运用这些知识,请按要求完成如下练习。

参考图 3-6-1 所示的《王者荣耀》点券充值界面,设计一套以"农历春节"为主题的特殊界面,要求布局和功能与原界面保持一致。在设计过程中需要重新设计 UI 界面视觉元素、点券图标、付款按钮等内容,使其具有"农历春节"的风格和氛围,UI 界面尺寸为 2400 像素 × 1480 像素,文件保存为 PNG 格式。

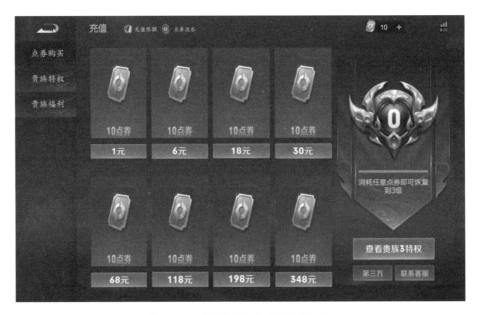

图 3-6-1　《王者荣耀》点券充值界面

练习题

下列说法正确的是（　　）。

A. UI 设计是指对互联网、移动互联网、软件等产品的人机交互、操作逻辑、界面美观的设计

B. 根据界面的表现形式、使用范围，UI 设计有一个简单的使用范围的分类，即分为网页设计（Web UI）和图形化界面设计（GUI）

C. UI 设计是一个让产品界面变得美观易用、有效，而且让用户愉悦的设计，它致力于了解目标用户，了解用户使用产品时的行为、视觉感受，了解用户的心理和行为特点

D. 产品是指用户浏览或使用的网站、手机端应用软件等

拓展题

UI 实操题，绘制背包图标，制作要求如下。

（1）参考图 3-6-2 所示的美术风格和色彩特点，完成一个皮质背包图标的绘制。

（2）整体尺寸大小为 256 像素 × 256 像素，不超过 3 种色彩。

（3）以 JPG 格式提交，图片品质设为"最佳"。

（4）制作时间限制在 3 个小时内。

图 3-6-2　图标美术风格参考

模块 4　游戏角色设计基础

o━[学习目标]━━━

知识目标

（1）了解游戏角色头部与五官以及人体结构比例的知识。

（2）了解游戏角色的服装与配饰的设计原则。

（3）学习游戏概念设计稿三视图的制作规则与方法。

能力目标

（1）学会分析和使用目标素材，能完成方案草图的设计。

（2）在掌握人体结构比例的基础上，实现角色全身草图、服装草图、配饰草图的绘制。

（3）掌握使用 PhotoShop 画手绘卡通风格、写实风格的技法，能对草图进行清稿处理。

素养目标

（1）增加对日常工作的责任心和工作热情。

（2）培养逻辑思维能力和解决实际工作问题的能力。

o━[模块导读]━━━

　　游戏中的角色形象是玩家视觉的聚焦点。当玩家看到一个手持枪械身着甲胄的角色形象时，便会不自觉地认为这是一款射击游戏；当玩家看到一个衣着华丽、面庞清秀的少女角色时，玩家便会不自觉地认为这是一款养成类剧情游戏。游戏角色往往是游戏给玩家的第一印象，也是玩家与游戏程序互动过程中最重要的载体。游戏角色越丰富，游戏的可持续性就越强，玩家的选择就越多，玩家就会尝试不同的角色，在游戏中花费的时间也就会越长。可以说游戏角色设计在整个游戏产业的发展过程中有着不可替代的地位。

任务 4.1　游戏角色设计认知

4.1.1　游戏角色设计概念

　　游戏角色设计是计算机游戏中角色形象的创造过程。游戏角色设计主要是进行游戏角色的概念设计，其中包括对游戏总体风格、色调的把握；设计游戏角色的造型和色彩；设计角色的道具、服装、发型等；进行游戏角色的细画工作；制作高水准的角色模型及贴图；与游戏设计师、程序员、原画设计人员合作，根据制作计划按时完成任务并跟进角色的最终表现效果。

同时，游戏角色承载着对游戏世界观设定表达的重任。游戏中的故事发生在什么年代、什么地方，剧情是轻快还是沉重，如何表现角色的性格、身份、特长等，所有这些都可以表现在角色造型中。游戏层面的角色设计与动画、漫画、电影甚至文学创作有着共通的需求。对游戏角色设计师来说，角色造型的合理性与创意不仅来自游戏玩法的基础需求，更来自丰富的阅历和严谨的构思。

每一个游戏角色的特征和代表意义不仅是这个游戏本身的，也是这个时代的缩影。它们不仅能让玩家学到各种历史文化知识，还能让玩家跨越空间的限制相聚在虚拟的游戏世界中，每个玩家扮演着不同的角色，正如他们在现实世界有着不同的身份一样。时代在飞速发展，越来越高的计算机硬件发展水平和越来越快的网络传输速率使角色在游戏中能很好地展现。无论是早期那些颜色单一、画面粗糙的游戏角色，还是现在活灵活现、生动有趣的三维立体游戏角色，都是游戏美术从业人员在游戏美术发展史上留下的生动一笔。

4.1.2　游戏角色设计应用场景

目前游戏市场中的游戏种类繁多，可以适应不同玩家的需求。不同主题类型的游戏对于角色设定的需求偏好也不同。例如：策略类游戏，玩家不需要精妙的游戏角色，他们更关心策略对战的过程体验，其游戏角色大多是模式化的，符合游戏整体的视觉感受即可；模拟类游戏，为了模拟现实世界，其角色设定大都不追求个性化而以写实为主；格斗类游戏，玩家更注重视觉感受，因此角色的格斗动作和服装道具的设计是角色设定的重点；冒险类游戏，玩家会融入游戏所设定的冒险故事背景之中，玩家所操作的角色要完成冒险故事，其游戏角色就需要具有鲜明的外在形象和复杂饱满的性格。除此之外，角色扮演类游戏，对游戏角色的要求相对其他类别的游戏就复杂得多，因为玩家扮演的角色要陪同玩家贯穿游戏始终，为了减少玩家的审美疲劳，角色设计的精美程度和多样程度相较于其他类型的游戏就高出了许多。总而言之，不同类型的游戏，玩家的关注点也不同，因此游戏角色设定时对角色的需求也相应不一样。

图 4-1-1　"二次元"风格的游戏角色

另外，从游戏的整体视觉风格角度和受众群体来看，游戏角色设计也有着不一样的设定。例如，卡通风格类型的游戏人物角色更容易受到年龄较小的玩家的偏爱，这类游戏角色多数有着强烈的"二次元"风格，大大的眼睛和小小的鼻子，在服装配饰上也要体现可爱和华丽，如图 4-1-1 所示，这类游戏和其中的卡通游戏角色设计风格形成了特有的文化特征。然而，写实风格的游戏角色设计就更加偏向现实世界，角色造型效果也相对逼真，这类游戏角色的服饰和道具设计一般都取材于真实世界，通过对其造型的变化或夸张让角色造型更具视觉冲击力，如图 4-1-2 所示。这样的设计继承了西方美术的传统特点，也取决于这类游戏受众人群的偏爱，这类游戏的受众群体年龄相对较大，有着成熟的世界观。

图 4-1-2　写实风格的游戏角色

我国游戏的人物角色设计通常与我国传统文化相结合，常受武侠和历史这两类游戏题材影响。由于我国的游戏产业相对日本、美国等国家而言发展较晚，所以在我国游戏角色的设计手法中通常会受到国外游戏角色设计风格的影响。但无论设计风格差异如何，在我国传统历史背景题材的游戏角色的设计中，角色的造型依然要体现我国传统文化内涵和民族特点，如图4-1-3所示。这既能使游戏的视觉风格有传统特色，也是游戏产业对我国传统文化的传承与创新。

图4-1-3　国风风格的游戏角色

任务 4.2　游戏角色头像设计

4.2.1　设计需求分析

游戏角色头像决定了这个角色是否出彩、独特，头像可以体现角色的性格特征，也可以在短时间内吸引玩家的注意，与玩家产生直接的情感互动。玩家识别一个角色，靠的不是其结构比例或者色彩明暗，而是其特征，如五官、头发、服装和随身饰品的造型等。特征传达有两层意思：一是玩家如何把同一个作品中的不同角色进行区别；二是玩家如何对不同游戏中类似的角色进行区别。游戏角色头像是游戏UI中不可或缺的视觉要素，其头像也可以作为游戏宣传和周边产品的素材使用。

4.2.2　游戏角色头像概念草图

在草稿阶段要注意"三庭五眼"的比例关系，把握头部的整体结构关系，同时注意体现人物头部轮廓的特点。

美术中的"三庭五眼"，"三庭"是指脸的长度比例，把脸的长度分为三等份，前额发际线至眉骨、眉骨至鼻底、鼻底至下巴，各占脸长的1/3。"五眼"是指脸的宽度比例，以眼的长度为单位，把脸的宽度分成五等份，从左侧发际至右侧发际为五只眼睛的长度。眼睛一般位于头顶到下巴二分之一靠上的位置；头顶头发厚度不多于"一庭"；鼻翼两侧一般位于两个内眼角之间，嘴巴两侧位于瞳孔到内眼角之间等。在画之前可以多对比，多分析一些CG（computer graphics，计算机动画）中脸的比例，找出优秀脸型的比例关系。二次元、中国风写实、纯艺写实等风格的头像都能找到合适的比例关系。要懂得在五官和脸部造型上做取舍。在头部轮廓上，要弱化一些颧骨肌肉等的凹凸起伏，尽可能让脸的轮廓光滑漂亮，男性头像只需要突出一些关键的转折点即可。

此处采用效率相对较快的剪影起形画法，这种画法是指在创作一开始就把最体现人物特征和气质的形体轮廓与人物动势以剪影的方式表现出来。其优点是可以快速表现创作者的想法；缺点则是需要创作者有较为深厚的美术功底与人体结构知识。具体方法是使用不透明度与硬度均为 100% 的笔刷，单击 进入 "画笔" 框，如图 4-2-1 所示。使用画笔工具，选择皮肤大体的固有色，按快捷键 "]" 将笔尖的大小调大，铺垫大色块摆出大体的人物头部形态轮廓，然后使用 "橡皮擦工具" 修正人物外形，注意 "橡皮擦工具" 的不透明度要设置为 100%，单击 "画笔笔尖形状" 进入 "画笔设置" 框，如图 4-2-2 所示。

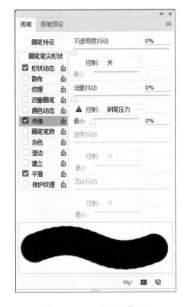

图 4-2-1　"画笔" 框

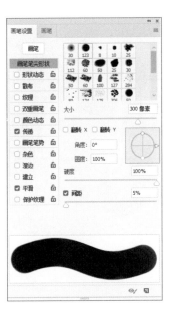

图 4-2-2　笔尖选择

在画面上用较大的笔尖铺垫色块，让色块构成具有可视形象的画面整体，绘画过程中注意要尽可能快速地表达作画者的意图，如图 4-2-3 所示。

图 4-2-3　绘制头像轮廓

4.2.3　游戏角色头像色稿绘制

　　在头部的大体轮廓和五官比例确定之后，可以新建一个图层用来继续添加发型的固有色，分图层来画不同的部分是为了在作画后期方便处理不同部分的画面。这一步要注意发型的整体轮廓，同时发型的固有色要与皮肤的固有色有适当的明暗关系和色彩关系，发型上面的发饰也要用它的固有色画出大体的位置和轮廓，从而确定头部整体的明暗关系和色彩关系，如图 4-2-4 和图 4-2-5 所示。此处要注意，在一般情况下光源的设定是在人物的上方且不需要过于强烈。在整体明暗关系和色彩关系确定的基础之上，可以单击☑进入"画笔设置"框，如图 4-2-6 所示。将"传递"属性里的"控制"选项设置为"钢笔压力"，然后将五官的形象具体化，以方便下一步对细节进行刻画。

图 4-2-4　绘制发型和五官的轮廓

图 4-2-5　绘制发饰的轮廓

图 4-2-6　"画笔设置"框

4.2.4 游戏角色头像细节刻画

在发型的细节处理上，可以按照整体块和面的思路将整体的发型分为几个部分，每个部分再分为几缕不同的头发，使用"画笔工具"按照不同的部分分开。在发际线的位置，可以用"橡皮擦工具"（ ），同时在属性栏中选择柔边笔刷将发际线的自然质感表现出来，如图4-2-7所示。

图 4-2-7　分不同的块和面绘制发型

在表现眉毛和眼睛的质感时，要注意调整处于暗部的上眼睑与双眼皮之间的层次关系，颜色偏暖且越暗的部分，饱和度要越高；处于亮部的眉弓、上眼皮与下眼睑的部分，其颜色处理饱和度偏低；眼球上端部分被上眼睑所覆盖，所以会形成投影，下眼睑因为处于亮面，所以颜色明度较高，甚至会出现高光。眼窝（或称眼眶）里面，被厚重的额角所支撑，颧骨在其下方进一步起到支撑的作用。眼睛位于眼窝内，眼球的形状有点儿圆。暴露在外的部分有瞳孔、虹膜、角膜和白眼球。角膜是一层透明物质，覆盖在虹膜上，就像手表上面的水晶表壳，这也是眼睛轻微凸出的原因。刻画暗面的时候同样要注意将明暗交界表现清楚，受光面注意体现距离光源远近不同而形成的明暗变化。

卡通风格的游戏角色，在五官上的夸张变形是最为明显的。尤其是眼睛，作为心灵的窗户，眼睛在所有卡通人物形象中几乎都被夸张变大，甚至占到整个面部的一半面积。大眼睛可以使卡通角色看起来更加可爱和有趣。而在五官中，鼻子则被夸张变小且简略，小而翘的鼻子同样可以使角色年龄看上去比较小，这样的角色更有亲和力，也更符合年龄较小的玩家的审美，如图4-2-8所示。

图 4-2-8　绘制眼睛和鼻子的细节

嘴的整体因所处头部结构的影响而处于一个弧面上，从唇中部分到两端嘴角部分逐渐向后转折，由实变虚。一般情况下上唇处于暗面，下唇处于亮面且在下巴上端形成了一个较明显的投影。注意，为了绘制女性嘴巴的色彩和光泽感，需要在下唇点缀高光，高光的位置要和光源协调一致，如图4-2-9所示。

图 4-2-9　绘制嘴巴的色彩和光泽感

将皮肤的固有色明度提升或者压低，用来根据结构的起伏区分受光面与背光面。此处注意女性的结构相对男性而言较为柔和，在处理因为结构起伏而产生明暗变化的时候要注意整体色调的对比度不要过于强烈，以表现女性可爱柔美的特征，如图4-2-10所示。

图 4-2-10　绘制皮肤的明暗关系

采用同样的思路，将发型根据结构和光源位置区分明暗，这里要注意：首先，应该将发型整体理解为一个块面形体，而不要理解为无数根头发的组合；其次，在区分发型的受光面和背光面的时候，注意区分冷暖的变化，位于受光面部分的头发一般可以处理得偏暖一点，位于背光面部分的头发则相对较冷，如图4-2-11所示。

图 4-2-11 绘制发型的明暗关系

同时可以整理发饰的形状，单击📝进入"画笔设置"框，取消勾选"形状动态"，并且将"控制"一栏都设置为"关"，如图 4-2-12 所示。然后，根据光源区分发饰的明暗变化，让发饰增加立体感，如图 4-2-13 所示。

图 4-2-12 "画笔设置"框

图 4-2-13 绘制发饰的明暗关系

接下来，可以利用"涂抹工具"（ 🖐 ）将明暗转折柔化，并将五官部分的颜色饱和度提高，让眼睛和嘴巴的颜色都有明确的色彩与冷暖偏向。这样画面会变得更加主次分明，如图 4-2-14 所示。

图 4-2-14 绘制明暗过渡

单击 🖊 进入"画笔设置"框，将"传递"属性里的"不透明度抖动"下的"控制"选项设置为"关"，如图 4-2-15 所示。根据头颈肩的合理形体结构关系绘制服饰的大致固有色，此处注意服饰颜色要与皮肤颜色形成对比，所以服饰颜色的明度要比皮肤颜色的低，以保持画面的主次关系，如图 4-2-16 所示。

图 4-2-15 "画笔设置"框

图 4-2-16 表现头颈肩结构关系

　　新建一个图层用来添加服装上的装饰纹样。根据画面风格，通常选用中国传统的装饰纹样，如水波纹、回字纹和云雷纹。此处选用的是水波纹，发型的边缘可以添加一层反光来增强整体的空间感，如图4-2-17所示。

　　最后，将发饰和服饰纹理的造型细节根据结构面的关系和光影规律加入，注意服饰纹理的明暗关系要体现反光的质感。完成这一步之后，整体角色头像的绘制流程就基本结束了，如图4-2-18所示。

图 4-2-17　绘制服饰纹理

图 4-2-18　绘制反光效果

任务 4.3　游戏角色全身设计

4.3.1　设计需求分析

　　在进行游戏人物角色整体形象设计的过程中，要考虑游戏人物所处的时代背景、家庭背景和个人的形象特征，并根据这些设定对人物形象进行设计，使人物形象与其背景是相符的。在进行人物角色形象设计的过程中，设计者需要突出人物身上某些鲜明的特征，这些鲜明的特征可以使游戏中的各个人物互相区别。除此之外，需要对每个角色的外貌、服饰、动作、语言以及神态等每一个细节进行刻画，使人物形象更加突出，确保每个人物形象都尽善尽美，这样设计出来的游戏的整体效果才会好。例如，以三国时期为背景的游戏中，孙权的角色形象设计就充分考虑了三国时期的服饰特点及人物的身份特点，如图4-3-1所示。

图 4-3-1　孙权角色形象设计

　　对角色进行造型设计时，需要依据现实生活进行设计，不能凭空想象和捏造，因为凭空想象的设计一方面容易与玩家所处的环境相去甚远，难以被玩家接受，而另一方面，凭空捏造的角色造型往往与人物所处的世界不符，使得游戏不伦不类，严重影响游戏体验。因此在设计游戏角色造型的过程中，需要对游戏整体的设计有大致的把握，对游戏角色所处的社会环境和背景有所了解，加强对角色的把握和分析，在此基础上结合现实造型和个体特征进行设计，为游戏角色设计注入独特的理念，并将有价值的设计元素应用到造型设计之中。

4.3.2　游戏角色概念草图

　　根据主题立意进行画面构图，在正式绘制前可以绘制草图来确定基本画面。构图不是随意进行的，需要原画师在充分了解游戏的主题、背景、风格等信息之后，结合相关要点进行创作，对原画师来说，还需要一定的想象力和创造力。可以根据具体情况将绘制对象的身体比例缩小为 2～6 头身，越接近 2 头身，人物的形象就越趋于低龄化、可爱化；反之，越接近 6 头身，人物的形象就越趋于成人化、写实化。注意，越接近 2 头身，人物肩部宽度就越小，反之亦然，如图 4-3-2 和图 4-3-3 所示。

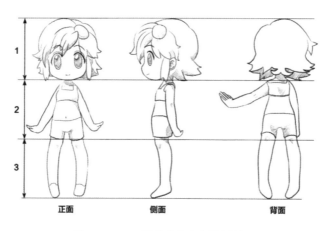

图 4-3-2　可爱化人物角色比例关系

图 4-3-3 写实化人物角色比例关系

　　草图阶段先不要纠结局部，也不要考虑细节和放大画面，这个阶段可以尽情地展开想象，不用考虑线条是否流畅，如果一开始就忙于刻画细节，那么画面的活力和感觉就很容易丢失。这一步首要就是构图和确定绘画的内容，根据人体结构关系确定角色的基本比例与动态，如图 4-3-4 所示。

　　画面主体构图确定以后需要利用笔刷对画面中的角色进行粗略的勾线处理，勾勒出角色的基本形态结构。可以把角色的衣着特征和道具的形状大致确定下来。然后新建图层，一层一层进行草图细化，如图 4-3-5 所示。

图 4-3-4　用草图确定人物的基本比例与动态　　　　　图 4-3-5　用草图确定服饰特征

4.3.3 游戏角色线稿绘制

　　确定角色的基本比例关系后，新建图层进行线稿刻画筛选，使其呈现出想要的状态。这个步骤中的线条要干净利索，而且画面中物体的关系、叠加、透视、褶皱等这些"科学"因素也应该清晰明确，相当于是在给第一步的概念草图做"故障排除"的工序，重复画更多的线稿图，如图4-3-6所示。这里要注意的是，一条线不要反复描画，能一笔画完就一笔画完，提高画线的准确率。描线会破坏画面的整体感，显得线条不流畅，为了避免这种情况的发生，应当多练习。精描出线稿后，如图4-3-7所示，注意检查线稿是否闭合，以方便后续填充颜色。此时可打开上方属性栏中的"始终对'大小'使用'压力'"按钮（✐），这样绘制出来的线条就会有粗细变化，显得不僵硬。勾勒线条时建议根据结构新建图层，并为每个图层单独命名，方便后期修改。

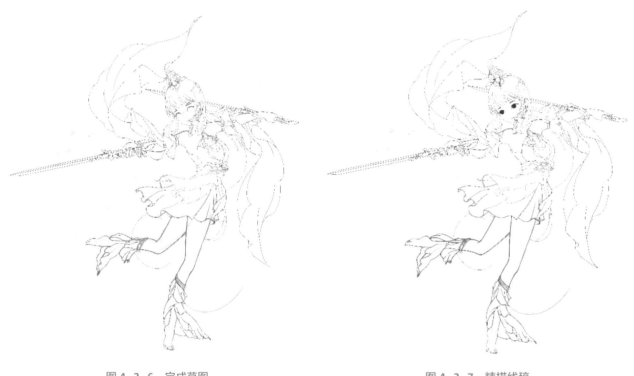

图4-3-6 完成草图　　　　　　　　　　　　　图4-3-7 精描线稿

4.3.4 游戏角色色稿绘制

　　在线稿确定之后，可以从明暗关系入手，给画面一个光源位置，然后将暗面的部分用灰色进行区分。这一步可以在线稿图层下面新建一个图层填充白色将角色剪影画出来，如图4-3-8所示。然后在剪影图层上右击，选择"创建剪贴蒙版"选项后在这个图层画暗面，这样不会破坏人物的轮廓，如图4-3-9所示。

图 4-3-8　绘制剪影

图 4-3-9　在剪影的基础上区分整体明暗

　　在将角色的整体亮面和暗面部分进行区分之后。可以选择"涂抹工具"（），根据结构将亮面和暗面交界涂抹过渡，这样在结构转折的地方就会有灰调的自然过渡。然后根据整体的黑白灰关系将明暗交界的区域与投影区域着重强调一下，使整个人物造型的体积感和空间感更好，如图 4-3-10 所示。

图 4-3-10　描绘明暗过渡

　　在整个角色的明暗关系塑造完毕之后就可以添加色彩了，这一步可以把角色不同的部分分图层处理，头发、衣着、皮肤和配饰的色彩可以根据上下关系分别在独立的图层，这样在上色和修改的时候就会更加方便。可以先添加头发、衣着、皮肤和配饰等不同部分的固有色，即物体本身固有的、面积最大的颜色，让角色画面形成大的色彩关系，注意添加的固有色不需要纯度很高的色彩，以便后期深入刻画，如图 4-3-11 所示。

图 4-3-11　分不同部分添加固有色

4.3.5 游戏角色细节刻画

这一步根据大的明暗关系与色彩关系进行细节的刻画。从头部开始，根据角色头部的绘制步骤，此处按照不同的画面风格将角色头像的绘制步骤实际运用即可。在头发与面部有光线转折的区域用喷枪涂上一些颜色，将颜色加深，脸颊的位置也可以加入些许颜色，营造出红晕的感觉。使用硬边画笔和涂抹工具为眼睛与眉毛刻画造型结构，眼皮的位置可以适当地加入粉红色以突出人物灵动美丽的特点，如图4-3-12所示。

图 4-3-12　人物头部刻画

将"画笔工具"和"橡皮擦工具"配合使用，整理刘海和发梢部分的造型。注意，头发会受到衣着的环境色影响，需要在反光的部分加入一点粉色，如图4-3-13所示。

图 4-3-13　整理刘海和发梢部分的造型

继续刻画头发整体的明暗与色彩关系，将暗部整体融入一个暗面中，着重刻画发型明暗交界的区域，围绕头部的造型刻画刘海上面的高光形态，注意不同缕的头发上面的高光的明度会随头部结构转折而变化，中间最亮，两边最暗，如图4-3-14所示。

图4-3-14　绘制发型的明暗交界

根据金属质感的特性，将发饰和衣服上的金属装饰物上面的色彩变化进行深入刻画，注意金属高光和暗部的位置关系，以表现金属质感，如图4-3-15所示。

图4-3-15　绘制饰品的金属质感

将"画笔工具"和"涂抹工具"配合使用，对衣着和衣摆部分的颜色变化进行过渡处理，注意衣着上颜色明度会随衣褶层次变化而变化，在衣褶转折较为强烈的地方，其明暗交界变化的处理要更加强烈，尤其是不同层衣着的明暗交界处，如图4-3-16所示。

图 4-3-16　绘制衣服的层次感

　　衣着颜色的关系过渡完成之后，可以在衣着的暗部加入一定反光，注意暗部反光是根据整体画面的色调来调整偏冷或者偏暖，此处因为人物整体色调偏暖，所以衣着的反光做偏冷处理。处理后，衣着整体的层次感和空间感就会更饱满，如图 4-3-17 所示。

图 4-3-17　绘制衣服反光与冷暖关系

　　根据皮肤的固有色和光源的位置将露在外面的皮肤的色彩关系与明暗关系进一步细化，注意在关节转折的位置，要将皮肤的受光面与背光面做明显区分，因为角色衣物会在皮肤上产生投影，投影要做环境色处理，投影受到粉红色衣服的影响应当相对偏暖，如图 4-3-18 所示。

图 4-3-18　细化皮肤的明暗与色彩关系

　　进一步对装饰物细节进行刻画，包括花朵的颜色变化、剑的质感等，如图 4-3-19 所示。

图 4-3-19　装饰物细节质感刻画

加入背景和花瓣飘散的效果形成最终稿，如图 4-3-20 所示。

图 4-3-20　最终稿

4.3.6　游戏角色定稿及输出规范

在最终完成角色设计图之后，可以将文件的背景清理干净，将图片尺寸设置为 1280 像素 × 1280 像素，并另存为 PNG 格式。

思考与练习

思考题

通过本模块内容，我们已经系统地学习了游戏角色设计的基本流程和方法，接下来为了巩固所学知识，以及能在设计项目中灵活地运用这些知识，请按要求完成如下练习。

参考影视剧《长安十二时辰》中使用的甲胄道具（见图 4-4-1），以《长安十二时辰》为故事背景，绘制一套以唐朝武将为主题的角色形象。在设计过程中需要搜集整理有关唐朝武将的装束、盔甲、武器等资料，使其具备唐朝武将的鲜明视觉风格，角色设计稿的尺寸为 1280 像素 × 1280 像素，文件保存为 PNG 格式。

图 4-4-1 《长安十二时辰》中使用的甲胄道具

拓展题

原画实操题，绘制同人立绘一张，制作要求如下。

（1）按照 7 头身比例绘制国风少女的二次元人物站姿立绘一张。

（2）少女年龄在 18 岁左右，体态轻盈、皮肤白皙、可爱柔美。

（3）可以是古代服饰，也可以是现代服饰。

（4）绘制时间在 3 个小时以内。

（5）画布尺寸大小为 1000 像素 × 1000 像素。

模块 5　游戏道具场景设计基础

○─【学习目标】

知识目标

（1）了解游戏道具、场景在游戏中的应用领域和作用。

（2）了解游戏道具、场景的一般设计流程及通用设计原则。

能力目标

（1）掌握游戏道具、场景的造型、构图、空间、色彩的表现技巧。

（2）掌握游戏道具、场景设计中武器、道具、户外场景等典型工作内容的绘制方法。

素养目标

（1）培养良好的职业操守和道德素养。

（2）提升团队协作能力和沟通能力。

○─【模块导读】

　　在游戏美术设计中，角色和场景的设计无疑是最重要的两个环节。在人们谈及一款游戏的美术风格时，大多指的是角色和场景的设计风格。角色和场景是相互依存的两个元素，两者交融的美感共同构建起一款游戏独特的美术风格。场景相比角色而言往往承载了更多的信息，场景作为一种主要的视觉语言，传达了游戏的时代背景、文化特质、环境差异；场景也经常被用来营造某种气氛，恐怖、热烈、悲伤……一个优秀的游戏场景设计不仅仅要在画面上赏心悦目，更多的是一种文化和世界观上的再现，让玩家能身临其境地体验一个虚拟世界。

任务 5.1　游戏道具场景设计认知

5.1.1　游戏道具场景设计概念

　　游戏道具场景设计是指除了游戏角色之外的环境和物体的造型设计。游戏的场景环绕在主体周围，为游戏角色营造活动环境，为游戏背景增强艺术气氛。游戏场景可以体现故事发生的地域特征、历史时代风貌、民族文化特点、人物生存氛围。根据不同的游戏背景设定要求，一款游戏往往需要借助游戏道具场景营造出某种特定的气氛和情绪基调，这也是游戏道具场景设计不同于建筑环艺设计的特别之处，游戏道具场景设计要从剧情出发，从角色出发。游戏道具场景设计还要能够准确地传达出多种复杂的情绪，比如恐怖紧张、痛苦悲伤、烦躁郁闷、孤独寂寞、浪漫温馨、热情奔放。游戏道具场景设计既要有高度的创造性，又要有很强的艺术性。场景设计一般分为室内空间设计、室外空间设计和内外结合空间设计，而道具设计往往作为场景设计的一部分存在，有时也会单独出现在故事线中。道具和场景的关系是不可分割的，二者是整个游戏的美术风格的重要组成部分。

5.1.2　游戏道具场景设计应用场景

通常来说，不同类型的游戏对道具场景的设计需求差异是很大的。对于一款棋牌类的游戏和一款角色扮演类的游戏来说，很难将二者道具场景的设计进行比较。但是对于主流的大型游戏（包括次世代游戏）而言，一般可以将游戏场景的设计分为环境、建筑、机械、道具四种常见的类型，这也是游戏美术设计人员在日常工作中最常接触到的内容。道具包含在整个的场景设计环节中，一般会以武器、盔甲、特殊物品等形式出现，这些道具有时会作为游戏背景的一部分出现，而另外一些时候则会作为推动剧情发展的关键元素独立存在。典型的游戏场景如图 5-1-1 所示。

图 5-1-1　典型的游戏场景

任务 5.2　游戏武器设计

5.2.1　设计需求分析

学习了游戏道具场景设计的基本概念之后，下面直接进行实战，以战斧设计为例完成一组 2D 角色的道具设计项目。从前面的内容中了解到，2D 的美术设计一般属于游戏美术前期的工作内容，完成的图稿往往作为后期的 3D 建模参考使用。为了能够让后期的 3D 美术全面地理解 2D 设计的意图，2D 的美术设计要尽可能地做到详细和规范，从正面、背面、侧面、半侧面等角度对道具进行全方位的展示，并把所有的道具细节标识清楚，以避免在进行 3D 美术设计时产生误判。此处要设计的是一把现代的战斧武器，如图 5-2-1 所示。

图 5-2-1　战斧武器

5.2.2　游戏武器概念草图

在了解游戏的设计需求之后，一般会根据游戏的美术风格和角色技能的特点，收集一些相关的图像资料，分析此类道具的主要特征，然后可以放开思路，使用简单的笔触多绘制一些不同形式的草稿，然后在这些草稿中择优选择合适的形式。在草稿的设计过程中可以考虑武器的时代感、造型的张力，以及武器的功能性。在表现方式上可以使用简洁的剪影色块进行描绘，也可以根据习惯用线稿的方式处理。战斧的设计重点在于上部的斧头为金属部分，手柄则多为木质结构，斧头的金属部分有大小、形态、单双面的区别，这些需要根据游戏的设定决定，战斧概念草图如图 5-2-2 所示。

图 5-2-2　战斧概念草图

5.2.3　游戏武器线稿绘制

步骤1：绘制战斧的头部金属部分，打开 Photoshop 软件，新建一个图层，使用"画笔工具"绘制战斧头部的基本轮廓，尽量使用色块表现战斧头部的造型特征，营造出一种剪影效果，如图 5-2-3 所示。

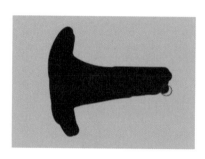

图 5-2-3　战斧头部轮廓绘制

步骤2：进一步绘制斧头的手柄部分，注意手柄部分不要过于单调，要有粗细和弯折的姿态细节，手柄的造型要体现力量感。可以使用笔刷工具完成手柄轮廓绘制，如图 5-2-4 所示。

步骤3：基本造型确定之后，接下来进一步绘制斧头的一些细节，可以使用"橡皮擦工具"将斧头造型边缘削减出细节，体现出斧刃和斧柄的结构特征，如图 5-2-5 所示。

步骤4：调整斧头的造型比例，添加局部的细节，比如添加斧刃部分的穿孔和手柄部分的绑带，并对轮廓做细节的修正，如图 5-2-6 所示。

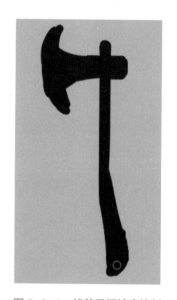
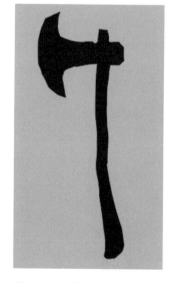
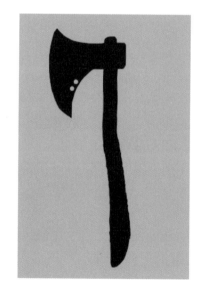

图 5-2-4　战斧手柄轮廓绘制　　　　图 5-2-5　战斧轮廓细节绘制　　　　图 5-2-6　添加穿孔和绑带

5.2.4　游戏武器色稿绘制

步骤1：基本的线稿完成之后就可以开始上色了，首先使用选区工具依据不同的材质特征将战斧分为斧头、木柄、绑带 3 个图层，以方便后期的绘制，注意为这 3 个图层添加不同的颜色，以方便区分，如图 5-2-7 所示。

步骤 2：创建新图层，在新图层上为木质手柄部分绘制基础的光影信息，为后面贴图做准备，注意这部分不要画得过于拘束，保留一些轻松随意的笔触，如图 5-2-8 所示。

步骤 3：使用相似的方法创建新图层，在新图层上为斧头和绑带部分绘制基础的光影，如图 5-2-9 所示。

图 5-2-7　战斧底色绘制

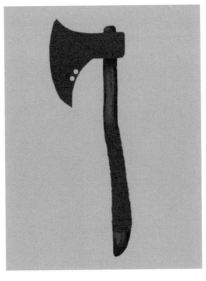

图 5-2-8　战斧木柄基础光影绘制

图 5-2-9　战斧头部和绑带基础光影
绘制

步骤 4：在完成基础光影绘制后，为了给 3D 建模师更明确和更直观的参考，可以通过纹理叠加的方式为材质添加更多的细节。选择导入一个金属拉丝的纹理图片作为金属部分的基础纹理，如图 5-2-10 所示。

步骤 5：缩放金属拉丝纹理的尺寸，使其符合造型的纹理密度，注意纹理不要过大。然后将此纹理作为斧头图层的蒙版层，如图 5-2-11 所示。

步骤 6：调整蒙版层的混合模式为"叠加"，这里可以多测试一些混合效果，通常"叠加"和"柔光"等效果使用较多，添加"柔光"后的效果如图 5-2-12 所示。

图 5-2-10　金属拉丝纹理素材

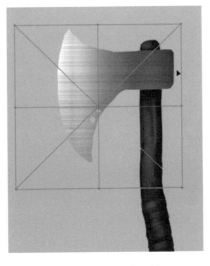

图 5-2-11　叠加金属纹理

图 5-2-12　添加"柔光"效果

步骤7：在添加基础的金属纹理后，为了表现更多的做旧细节和使用痕迹，还可以寻找一张斑驳质感的图片素材进行叠加，比如选择一张油漆剥落的墙面背景，如图5-2-13所示。

步骤8：缩放墙面纹理的尺寸，注意纹理的大小要合理，然后将此纹理作为斧头图层的蒙版层，如图5-2-14所示。

步骤9：调整蒙版层的混合模式为"叠加"，调整后的效果如图5-2-15所示。

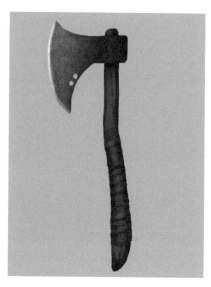

图5-2-13　斑驳质感素材叠加　　　　图5-2-14　战斧头部叠加墙面素材　　　　图5-2-15　墙面素材"叠加"效果

步骤10：使用同样的思路为木质手柄添加木纹材质。选择一张图案比较明显的木纹图片作为叠加素材，并适当调整图片的大小，如图5-2-16所示。

步骤11：调整图层的混合模式为"柔光"，如图5-2-17所示。

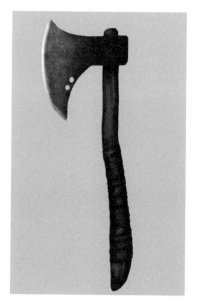

图5-2-16　战斧木质手柄叠加素材　　　　图5-2-17　木纹素材"叠加"效果

步骤12：分别调整木质手柄部分光影层和木纹叠加层的色相和饱和度，以得到更好的视觉效果，注意颜色纯度不要过高，"色相／饱和度"调整面板如图5-2-18所示。

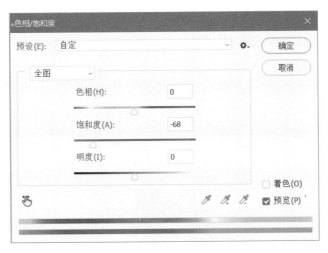

图 5-2-18 "色相 / 饱和度"调整面板

步骤13：使用同样的方法处理绑带的部分，可以选择一张粗糙的织物纹理作为叠加素材，并适当调整图片的大小，如图 5-2-19 所示。

步骤14：为了更好地塑造绑带的捆绑效果，可以让织物的纹理符合绑带缠裹的走向。这里可以选取部分织物图片，将选取的部分复制多份，按照绑带缠裹的走向依次排列，如图 5-2-20 所示。

步骤15：调整图层的混合模式为"叠加"，如图 5-2-21 所示。

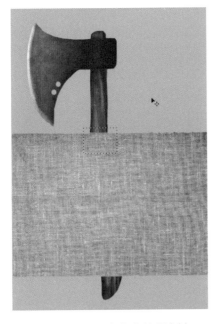

图 5-2-19 叠加织物纹理素材

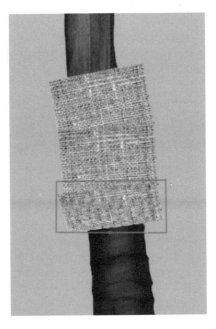

图 5-2-20 调整织物纹理走向

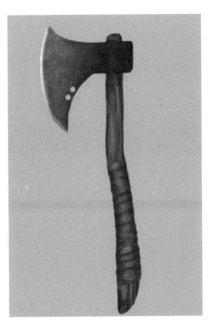

图 5-2-21 织物纹理"叠加"效果

5.2.5 游戏武器细节刻画

步骤1：在完成画面基础的光影和贴图之后，还需要对画面的细节部分进行细致地调整，这一次可以从木质手柄开始调整。当前木质手柄上的纹理并不十分理想，尤其是下方的纹理过于琐碎。可以选中木头纹理图层，使用变形工具整体调整纹理的走向以得到更好的画面效果，如图 5-2-22 所示。

当然也可以单独使用选区工具选择某一部分的纹理进行局部调整，如图5-2-23所示，单独选中木质手柄的下方位置，使用变形工具去修正纹理的走向。

接下来为木质手柄部分绘制更细致的光影效果，先选中光影层，然后使用笔刷工具添加细节的变化。在这个过程中不仅要注意塑造手柄的体积感和质感，也要考虑斧头和绑带与木质手柄相接处的阴影与污渍效果。除此之外，还要考虑更多的一些细节，比如木柄长期使用部分区域产生的一些滑腻感，再比如一些汗渍浸入后产生的颜色变化，木柄细节光影的绘制效果如图5-2-24所示。

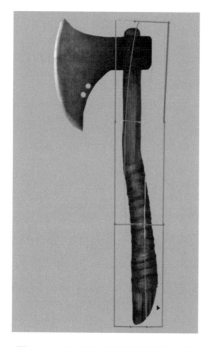 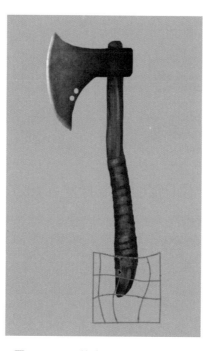 

图5-2-22　使用变形工具调整木纹比例　　　图5-2-23　单独调整下方木柄比例　　　图5-2-24　木柄细节光影的绘制效果

步骤2：为斧头的金属部分绘制更多细节，选中金属纹理图层，打开"色相/饱和度"面板，将整体颜色变得明亮一些，如图5-2-25所示。

为战斧头部的细节部分绘制一些阴影和结构，比如连接处的起伏、边缘的阴影、孔洞处的结构细节，如图5-2-26所示。

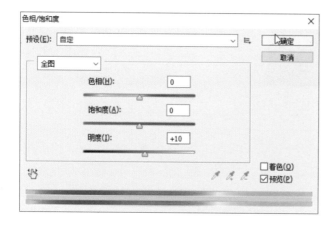 

图5-2-25　金属部分色相、饱和度调整　　　　　图5-2-26　战斧头部细节光影绘制

选中锈迹图层，擦除斧头边缘开刃处的锈迹纹理，打开"亮度/对比度"面板，调整锈迹图层的亮度、对比度，如图 5-2-27 所示。

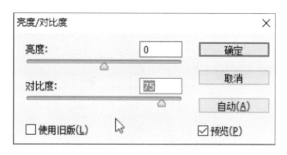

图 5-2-27　亮度、对比度调整

逐步为斧头金属部分绘制细节，如图 5-2-28 所示。

绑带的主体部分绘制完成之后，可以在绑带的边缘处绘制一些溢出的线头，以增加连接处的细节，如图 5-2-29 所示。

图 5-2-28　金属部分细节绘制　　　　　图 5-2-29　线头细节绘制

步骤 3：整体调整画面的虚实变化和光影关系，并在关键部分为战斧绘制磕碰和划痕等细节，如图 5-2-30 所示。

图 5-2-30　战斧头部划痕细节绘制

步骤4：整体对画面进行最后的调整，注意色调的一致性和整体感，战斧绘制完成后的效果如图 5-2-31 所示。

图 5-2-31　战斧绘制完成后的效果

5.2.6　游戏武器定稿及输出规范

在最终完成战斧设计图制作之后，可以将文件的背景隐藏，将图片尺寸设置为 600 像素 × 800 像素，并另存为 PNG 格式。

任务 5.3　游戏道具设计

5.3.1　设计需求分析

在完成战斧的设计之后，我们已经掌握了游戏道具设计的基本流程，接下来按照这个流程，以游戏角色的肩甲为例，进一步展示游戏道具设计的思路和方法。要设计的是一套狂战士的肩甲，肩甲的造型有一些蛮族和异域特征，所以以"象"为主要设计元素，以金属为主要材质，让肩甲兼具狂野和华丽两种风格，突出肩甲主人特殊的身份，如图 5-3-1 所示。

5.3.2　游戏道具概念草图

在了解肩甲的设计需求之后，先搜集一些有关"象"的造型资料，主要包括云南少数民族的一些有关"象"的传统图形资料，以及一些器物、纺织品、手工制品等照片资料，当然也可以搜集一些东南亚国家的视觉资源作为异域风格的补充参考。接下来就可以根据设计需求和收集的资料来进行概念草图的设计，在设计过程中，肩甲的造型一定要张扬一些，体现更多的力量感，在这个过程中可以多做一些尝试，再选择最满意的造型，如图 5-3-2 所示。

图 5-3-1　狂战士的肩甲完成效果

图 5-3-2　肩甲概念草图

5.3.3　游戏道具线稿绘制

步骤 1：绘制肩甲主要的轮廓，打开 Photoshop 软件，新建一个图层，使用画笔工具简单勾勒一下肩甲的基本轮廓，注意绘画时线条要放松一些，造型要尽量宽大厚重，结构和棱角要尽量明确，轮廓的凹凸感要突出。此过程不需要添加过多的细节，主要目的是绘制出肩甲的基础结构，如图 5-3-3 所示。

步骤 2：在肩甲主要轮廓的基础上，结合搜集的"象"的图形素材，为肩甲添加"象"的造型元素，比如弯曲的象牙，象牙上的装饰环，凸出的"象"眼。除此之外，还要根据肩甲的功能性，将结构进一步细化，绘制出肩甲的下摆和右侧的连接部，最后注意整个肩甲主体部分的轮廓要明确，如图 5-3-4 所示。

图 5-3-3　肩甲线稿基本轮廓绘制

图 5-3-4　肩甲线稿基本结构绘制

步骤 3：肩甲主体部分的造型确定之后，接下来需要在肩甲连接部添加一根绳索作为装饰，绳索的造型需要粗犷一些，以符合整体的风格趋向，此处选择了简洁的麻花和布带捆绑造型。至此肩甲的基本造型已经确定，如图 5-3-5 所示。

步骤4：在肩甲的基本造型上，继续添加其他细节。这些细节主要包括大造型上的小结构和附着在大结构上的各种异域风格图案。最后注意对轮廓做细节上的修正，如图5-3-6所示。

图5-3-5　肩甲基本造型线稿

图5-3-6　肩甲线稿细节绘制

5.3.4　游戏道具色稿绘制

步骤1：肩甲线稿完成之后就可以开始上色了，使用选择工具选中线稿图层，将线稿的图层不透明度调整为50%左右，如图5-3-7所示。

步骤2：区分肩甲的固有色，可以使用黑白灰色调来区分肩甲各部分材质的明度。先创建一个新图层作为固有色层，将固有色层放置到线稿图层之下，再使用笔刷工具为肩甲的不同结构绘制不同明度的灰色，绘制过程使用平涂的方法即可。绘制的重点是要使用不同明度的灰色来区别这些结构、材质和图案，如图5-3-8所示。

图5-3-7　肩甲线稿不透明度调整

图5-3-8　肩甲固有色层绘制

步骤 3：肩甲的固有色处理好之后，就可以为肩甲添加基础的阴影了。先创建一个新图层作为肩甲的阴影层，然后将阴影层放置到线稿图层之上，混合模式设置为"正片叠底"。可以使用中灰色依据肩甲的各部分结构特征为肩甲绘制阴影，绘制阴影的过程注意光源的方向要保持一致，除了物体本身的暗部阴影外，不同结构之间产生的投影也要绘制清楚，如图 5-3-9 所示。

步骤 4：为肩甲添加高光图层，先创建一个新图层作为肩甲的高光层，然后将高光层放置到阴影图层之上，混合模式设置为"叠加"。可以使用明亮一点的灰色依据光源方向和肩甲结构为肩甲绘制高光。绘制高光要注意区分各部分材质的特征，光滑一点的材质，比如金属，高光相对集中和明亮；粗糙一点的材质，比如绳索，高光相对分散和柔和，如图 5-3-10 所示。

步骤 5：肩甲的高光层绘制完成之后，还需要整体调整阴影、高光、固有色，让肩甲的黑白灰关系尽量明确和协调。接下来就可以为肩甲着色了，先创建一个新图层作为肩甲的颜色层，然后将颜色层放置到高光图层之上，混合模式设置为"颜色"。然后根据肩甲各部分的材质色相，使用平涂的方式为各部分着色，比如头顶的青灰色、缎带的橙红色、黄金部分的橙黄色，肩甲颜色层绘制之后的效果如图 5-3-11 所示。

图 5-3-9　肩甲阴影层绘制　　　　　　图 5-3-10　肩甲高光层绘制　　　　　　图 5-3-11　肩甲颜色层绘制之后的效果

5.3.5　游戏道具细节刻画

步骤 1：基础的光影和颜色绘制完成之后，还需要对画面的细节部分进行绘制，主要是加强暗部和细化高光，比如黄金饰物的细节。在绘制细节时，可以新建一个图层，将新图层置于颜色层之上，使用笔刷工具绘制阴影和高光细节，如图 5-3-12 所示。

步骤 2：逐步为肩甲各部分绘制细节，绘制重点包括强化阴影、细化高光，添加闭塞阴影和划痕效果，绘制时还要注意区分各部分材质的高光表现。在整个绘制过程中，注意虚实关系，重点刻画眼睛和象牙区域的细节，加强这个区域的

图 5-3-12　肩甲光影强化层绘制

细节和对比，远离这个区域的部分，适当减弱一些对比和细节，如图 5-3-13 所示。

步骤 3：肩甲细节基本绘制完之后，可以通过"色阶"和"曲线"面板对细节层进行整体的色调调整，比如通过加强蓝通道让整个肩甲偏青灰色，比如加强对比度以增强肩甲整体的质感，如图 5-3-14 所示。

步骤 4：整体调节肩甲的素描关系，可以在最顶部添加一个调节图层，将图层混合模式改为"正片叠底"，通过对这个图层的绘制，加强或削弱肩甲各部分的光影细节，如图 5-3-15 所示。

图 5-3-13　肩甲光影强化层绘制　　　图 5-3-14　肩甲颜色调整层绘制　　　图 5-3-15　肩甲素描关系调整层绘制

5.3.6　游戏道具定稿及输出规范

在最终完成肩甲设计图制作之后，可以将文件的背景隐藏，将图片尺寸设置为 800 像素 × 800 像素，并另存为 PNG 格式。

任务 5.4　游戏场景设计

5.4.1　设计需求分析

在完成游戏道具的设计之后，接下来完成一个游戏场景的设计。游戏场景设计和游戏道具设计在流程上有很多相似之处，但是在营造空间关系、塑造视觉中心、营造气氛等方面也有一些不同。这里要设计的是群山中的一座恶魔城堡，视觉中心会以城堡墙体为主，主要设计元素包括陡峭的山峰和残破的城堡，通过场景设计要表现一种萧瑟和神秘的气氛，恶魔城堡的完成效果如图 5-4-1 所示。

图 5-4-1　恶魔城堡的完成效果

5.4.2　游戏场景概念草图

在分析了恶魔城堡场景的设计需求之后，首先，搜集一些有关"城堡"的造型资料，可以搜集一些欧洲中世纪城堡的图片和视频资料，也可以搜集一些相关风格的游戏或动漫影视作品中的剧照作为补充参考。然后，可以根据设计需求和收集的资料进行概念草图的设计。在设计过程中先要考虑整个场景的空间层次，此处将场景分成四个主要的空间层次，第一层次是前景，设置一些巨大石块，将来可以安排主要角色站立在上面；第二层次是近景，排列一些陡峭的山崖，用来分隔前景的石块和中景的城堡；第三层次是作为中景的主体城堡，也是整个画面的视觉中心，将它安排在中间偏上一点的位置；第四层次是城堡后面的远山和天空等远景部分，作为整个场景的环境，如图 5-4-2 所示。

图 5-4-2　恶魔城堡概念草图

5.4.3　游戏场景线稿绘制

在线稿草图基础上继续细化城堡的结构和透视，并为各个层次设计一些细节，比如城堡的窗户和砖石破损痕迹、天空的云层、岩石间的植物等。这个绘制过程要注意完善各层次的轮廓线，尽量做到清晰明确，这对后续的工作有很大帮助，如图 5-4-3 所示。

图 5-4-3　恶魔城堡线稿绘制

5.4.4　游戏场景色稿绘制

步骤 1：城堡线稿完成之后就可以开始上色了，可以使用手绘结合贴图的方式进行绘制，贴图的目的主要是丰富画面纹理细节和提高绘画效率。先挑选一张天空的图片作为城堡场景的背景，为了让天空背景符合摄像机广角效果，可以使用变形工具对天空图片进行调整，让它有一种弯曲的包裹感，如图 5-4-4 所示。

图 5-4-4　恶魔城堡天空背景绘制

步骤 2：为前景的石块挑选一张贴图，在这张岩石图中使用"套索工具"选取一部分适合的纹理，如图 5-4-5 所示。

图 5-4-5　前景石块贴图

使用自由变换工具对选取的纹理进行适当的调整，并将石块图片放置到前景石块的轮廓附近，如图 5-4-6 所示。

图 5-4-6　前景石块贴图位置

步骤3：新建一个图层，吸取岩石贴图的颜色，使用笔刷工具，在岩石贴图的基础上，结合整个场景的光源方向，为前景石块绘制基本的光影关系，如图5-4-7所示。

图5-4-7 前景石块基础光影绘制

基本的光影关系绘制完成之后，选中前景岩石图层，使用"色相/饱和度"面板对其进行校色，适当降低岩石的明度和饱和度，使其与整个背景的氛围和色调相匹配，如图5-4-8所示。

图5-4-8 前景石块色相、饱和度调整

使用同样的方法绘制左边的小山石，如图 5-4-9 所示。

图 5-4-9　左侧石块绘制

步骤 4：前景的岩石层绘制好之后，绘制中景的城堡层。首先，新建一个图层，使用选区工具沿城堡层的轮廓画出选区，然后，为选区填充浅灰色，如图 5-4-10 所示。

图 5-4-10　城堡层轮廓绘制

使用"色彩平衡""色阶"等校色工具对前景岩石、中景城堡、背景天空的色调进行调整，使三层的色调协调统一，以褐色与蓝紫为主色调，具有明显的暖灰倾向。在处理三层的明度关系时，一定要遵循近暗远亮的原则，前景岩石最暗，中景城堡次之，远景天空最亮，这样才能更好地体现出空间效果，如图 5-4-11 所示。

图 5-4-11　前、中、远景明度绘制

继续调整三层的色调、饱和度和明度，并使用笔刷工具绘制雾气效果。绘制雾气效果时要遵循上暗下亮的原则，以展现建筑的空间感和前后图层之间的空气感，如图 5-4-12 所示。

图 5-4-12　城堡雾气效果绘制

使用类似的方法绘制出远景的城堡层，注意远景城堡的明度要介于中景城堡和背景天空之间，同时色调上要偏灰偏紫，更接近于背景天空的颜色，这样才能营造出合适的空间感，如图 5-4-13 所示。

图 5-4-13　城堡雾气层绘制

步骤 5：城堡场景基本的空间、明暗、色调绘制好之后，需要为场景添加一些纹理贴图，以增强画面的细节和质感。首先，挑选一张砖墙的图案导入当前文件中，然后，将砖墙图层的混合模式设置为"柔光"，接下来使用自由变换工具拖动砖墙图案到适当的位置，并根据画面大致的透视关系对其进行变形，如图 5-4-14 所示。

图 5-4-14　砖墙纹理叠加

使用相同的方法，多复制几个砖墙的贴图到城堡不同的位置。为了使砖墙纹理和城堡底色融合得更自然，可以使用"橡皮擦工具"对砖墙纹理的边缘进行随机地擦除，这样可以破坏砖墙纹理清晰的边界，如图5-4-15所示。

图 5-4-15 砖墙纹理边缘破损绘制

继续添加更多的砖墙纹理，使用"色阶""色相/饱和度"等工具对这些砖墙纹理进行校色，使其色调和原城堡的色调更加匹配。同时用相似的方法复制出一些明度较高、饱和度较低的砖墙纹理，将这些纹理和深色的砖墙纹理穿插在一起，以丰富纹理的层次和细节，形成灰尘和风化的视觉效果，如图5-4-16所示。

图 5-4-16 砖墙纹理细节绘制

为了增加墙面的细节，还可以寻找另一张和砖墙纹理差异较大的墙面纹理，使用相似的方法将墙面纹理和砖墙纹理相互交叠，埃及浮雕纹理细节叠加如图 5-4-17 所示。

图 5-4-17　浮雕纹理细节叠加

步骤 6：城堡墙面的纹理绘制好之后，为城堡绘制一些细节和主要的光影。新建一个图层，使用较深的颜色为城堡绘制窗户，绘制窗户时不要太过拘谨，笔触随意一点，如图 5-4-18 所示。

图 5-4-18　城堡窗户等细节绘制

绘制城堡的主要光影。新建一个图层，使用"多边形套索工具"根据光源的方向画出受光面的选区，设置图层的混合模式为"线性减淡"。使用"画笔工具"，选择较大的笔刷，对上述区域进行绘制，笔刷颜色可以选择原城堡的底色，如图5-4-19所示。

图 5-4-19　城堡主要光影绘制

在主要光影的基础上为视觉中心区域适当地添加一些细节的亮面和阴影，使整个画面变得更加丰富，城堡主要光影绘制的完成效果如图5-4-20所示。

图 5-4-20　城堡主要光影绘制的完成效果

5.4.5 游戏场景细节刻画

步骤1：城堡场景基本的光影色调确定之后，就可以逐步为画面增加细节了。修整前景的石块轮廓，并在上面添加一个简单的角色，注意前景可以使用一些饱和度较高的颜色，以增强空间关系。然后还可以为城堡主体绘制一些细节结构，比如石桥和亮面的细节结构，如图 5-4-21 所示。

图 5-4-21　城堡细节光影绘制

继续为城堡主体绘制细节，这个过程重点要注意修整物体的体块，比如添加一些阴影和灰面。同时要注意增加画面的色彩对比，比如在暖色墙面中添加一些冷灰色，以增加画面色彩的丰富度，同时也能表现一些墙缝线和雨水冲刷的痕迹，如图 5-4-22 所示。

图 5-4-22　城堡主体细节绘制

结合特殊的笔刷在城堡上添加一些红色的灌木以呼应前景的红色，注意这些细节的饱和度和对比度不要超过前景的内容，也可以为远处的城堡绘制一些光影细节，如图 5-4-23 所示。

图 5-4-23　城堡前景和灌木细节绘制

步骤 2：整体调整各层的空间关系和虚实变化，同时在前景层与中景层之间强化浓雾效果，增加空间感和神秘气氛，如图 5-4-24 所示。

图 5-4-24　城堡空间关系和虚实变化绘制

5.4.6　游戏场景定稿及输出规范

在最终完成这个城堡的制作之后，可以将文件的背景隐藏，将图片尺寸设置为 1920 像素 × 1080 像素，并另存为 PNG 格式。

思考与练习

思考题

通过本模块内容，我们已经系统地学习了游戏道具和场景设计的基本流程和方法，为了巩固所学的知识，以及能够在项目中灵活地运用这些知识，请按要求完成如下练习。以科幻小说《三体》中红岸基地外景为主题，绘制一幅游戏场景概念设计图，作品的视角要为全景，图片尺寸为 1920 像素 × 1080 像素，文件保存为 PNG 格式。

红岸基地故事背景：红岸基地位于内蒙古大兴安岭的一座被当地人称为雷达峰的山顶，是在"冷战"背景下，为对抗太空计划的绝密工程，代号为"红岸"。红岸基地建成于 20 世纪 60 年代，其主体单元是一面巨大的抛物面天线，功率为 25 兆瓦，建设的目的是寻找地外高智慧文明。

拓展题

原画实操题，绘制烈焰战斧原画一张，制作要求如下。

（1）参考魔兽世界的美术风格和色彩特点，完成烈焰战斧的绘制。

（2）使用黑色背景，造型要体现暗黑风格和岩浆质感。

（3）绘制时间最长为 3 个小时。

（4）画布大小为 1000 像素 × 1000 像素。

模块 6　游戏美术项目实战

【学习目标】

知识目标

（1）了解游戏美术商业项目的开发流程。

（2）了解游戏美术商业项目的技术标准。

能力目标

（1）掌握游戏美术商业项目的造型、构图、空间、色彩的表现技巧。

（2）掌握游戏美术商业项目典型工作内容的绘制方法。

素养目标

（1）提高不断学习、掌握新的技术和理念的意识。

（2）树立热爱劳动、爱岗敬业的工匠精神。

（3）增强遵守职业道德和规范的意识。

【模块导读】

游戏美术商业项目的开发流程比一般的练习项目更加严谨。受限于整个游戏风格统一化的要求，游戏美术商业项目在开发和绘制的过程中有着诸多的限制和规范，这种看似"不自由"的限制，恰恰保证了项目执行的顺利和结果的一致性，这也是商业化项目和个人创作的重要区别。所以当我们参与游戏美术商业项目开发时，首先，要了解该项目的技术规范，比如造型规范、配色规范；然后，按照相应的项目规范完成绘制任务，这是一种受限的创作工作，而不是完全的自由创作。因此，参与游戏美术商业项目开发时一定要保持严谨的工作态度，树立工匠精神，只有这样才能保证项目的质量和水准。

任务 6.1　游戏角色冷兵器设计

6.1.1　设计需求分析

武器道具是游戏角色重要的一部分，它与游戏角色紧密联系在一起，能让游戏角色更具个性化。武器道具还可以给人物带来一种强烈的反差感。武器的花纹设计需要一定的美感，同时结构也要符合角色使用的特性。所以，在设计之前，可以搜集一些想要设计的武器类型的案例作为参照，避免让武器道具的造型过于浮夸且不实用，本任务以常见的剑为例，无论是东方的剑，还是西方的剑，它们都是直形双面刀刃，顶端有剑首，因此可以在剑柄的造型和剑刃的质感上加入设计者的游戏设计理念，让其与整个游戏风格融为一体，东西方不同风格的剑如图 6-1-1 所示。

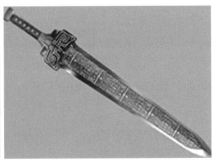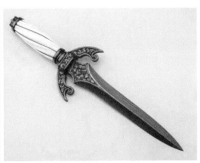

图 6-1-1　东西方不同风格的剑

6.1.2　游戏角色冷兵器概念草图

在属性栏打开"画笔设置"面板，将"间距"的数值调整到 10% 以内，其他选项按照图 6-1-2 所示的参数进行设置。这种画笔设置比较适合画物品的剪影或轮廓。

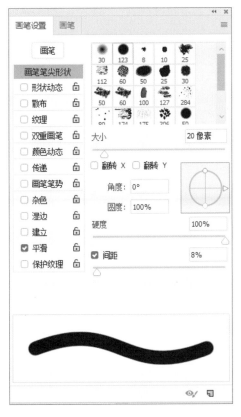

图 6-1-2　画笔设置

先绘制出剑的一半造型，由于剑是左右对称的物体，可以利用复制和水平翻转将剑的另一边拼合起来完成剑整体草图的绘制，这样做既能保持造型的严谨，也提高了绘图的效率，如图 6-1-3 所示。

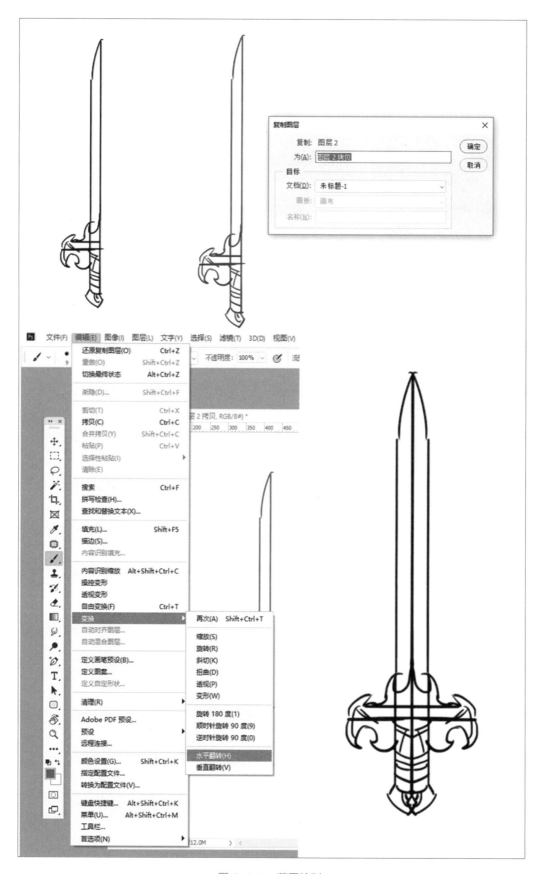

图 6-1-3 草图绘制

参考搜集的素材，利用这种方法在剑的细节造型上做出一定变化，多绘制几个造型不同的剑的草图作为小样，为造型的最终确定创造思考空间。一般来说，女性角色使用的剑较为纤细，而男性角色使用的剑则相对粗犷。经过修改后，确定了剑的最终造型，并用相对严谨的线条描画出最终造型中的纹路结构，将不必要的线条用"橡皮擦工具"擦除，最终确定线稿，如图 6-1-4 所示。

图 6-1-4　造型变化

6.1.3　游戏角色冷兵器色稿绘制

首先，在线稿的下方新建一个图层，在这个新建图层上给剑整体加上一个底色，如图 6-1-5 所示。

然后，可以在这个底色层的基础之上利用"剪贴蒙版"功能（选中底色层上面的新建图层，然后右击"菜单"，选择"创建剪贴蒙版"选项）继续给不同图层添加颜色，这样做不会破坏剑的整体造型，也更方便上色。默认光源的位置是画面左侧，先将剑刃的部分根据光源位置添加明暗关系，注意剑刃中间明暗交界位置的处理，如图 6-1-6 所示。

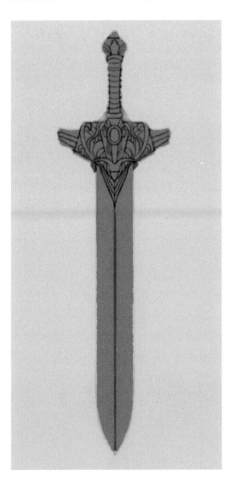

图 6-1-5　线稿加底色

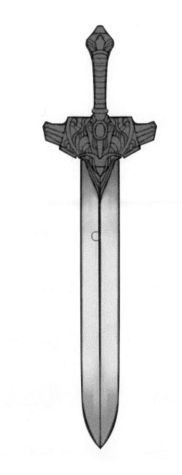

图 6-1-6　利用剪贴蒙版添加明暗关系

根据光源位置为剑柄添加固有色和明暗关系，此处注意不同的颜色区域，也可以考虑新建不同的剪贴蒙版图层来上色，这样便于后期修改调整，如图6-1-7所示。

图 6-1-7　利用剪贴蒙版添加颜色

6.1.4　游戏角色冷兵器细节刻画

从剑柄处开始，在明暗关系和固有色的基础上将素描的黑白灰关系拉开。注意金属质感的高光处理要相对强烈，而剑柄手握处的非金属质感的高光则要弱得多，中间宝石的质感要强调高光与暗部反光的处理，最终让三种不同的质感之间产生对比，如图6-1-8所示。

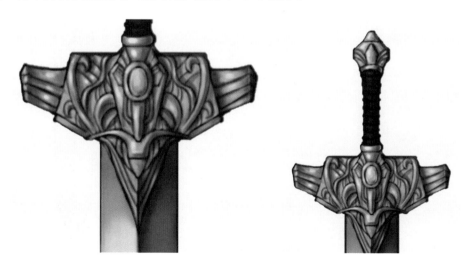

图 6-1-8　剑柄处细节刻画

　　剑刃部分可以使用直径较大的笔刷，在亮面和暗面找出色调变化，但色调变化不要超出整体的明暗关系，可以加入一些冷暖的倾向让色调更丰富，如图 6-1-9 所示。

图 6-1-9　加入冷暖变化

6.1.5　游戏角色冷兵器定稿及输出规范

　　在最终完成这幅冷兵器设计图之后，可以将文件的背景隐藏，将图片尺寸设置为 512 像素 × 1280 像素，最后将设计图文件另存为 PNG 格式。

任务 6.2　游戏角色枪械设计

6.2.1　设计需求分析

　　如果一个游戏项目含有射击元素，那么枪械的设计和制作就可以说是至关重要的一环。在开始设计具体的某一支枪之前，最先要明确的是设计的风格。对于武器设计来说，一般有两种设计风格：一种是以实用性为前提，也就是实用主义，枪械的设计坚持以实用为主，符合现实世界枪械的外观和造型；另一种是以观赏性为前提，也就是装饰主义，枪械的造型可以夸张，颜色可以鲜艳，一般会在枪械上加入大量的装饰性元素。如果设计偏向功能性，设计时就要舍弃一些视觉上的东西。如果枪械的功能性没有那么强，那么就可以在视觉造型上面多下一点功夫。当然这一切都是要和整体的游戏风格、基调相一致的。在大部分第一人称射击游戏中，角色使用的枪械要忠实于现实世界中枪械的造型与结构，如图 6-2-1 所示。

图 6-2-1 射击游戏中各式枪械造型

无论枪械的设计偏向什么样的风格，一般枪械都会有枪管、弹匣以及出弹口（抛壳窗）这三个最基本的模块。出弹口和弹匣的位置关系一般是垂直的；出弹口的位置设置必须考虑子弹的规格；枪管和出弹口一定要保持一条直线，这样子弹才能打得出去。当然，也有个别例外情况。如果设计的武器本来就是给外星人或者异形这样特殊的角色使用的，那可以不太注重这些，但只要是人类角色使用的，那就需要设计者对武器有一定的了解，这样才能准确地把握在设计武器时哪些地方是要将人体工学优先考虑进去的。

6.2.2 游戏角色枪械概念草图

与前面剑的设计方法一样，可以搜集一些现实当中与自己想象的设计相似的枪械图片作为造型的参照物。可以将某一支枪械作为造型的主要参照，然后将其他枪械的部分特征移植到设计草图中。由于枪械草图中直线较多，可以选择按住"Shift"键直接拉出直线，线稿中的线要着重表现出枪械表面的块面的转折，绘制的枪械草图如图 6-2-2 所示。

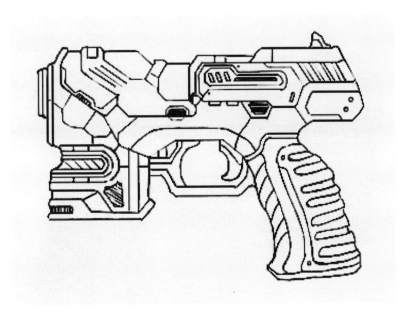

图 6-2-2　绘制的枪械草图

6.2.3　游戏角色枪械色稿绘制

可以使用"画笔工具"与"多边形套索工具"（ ），分区域地给枪械添加不同的固有色，注意不同区域的固有色色调要保持一致，明度差异不要太大，如图 6-2-3 所示。

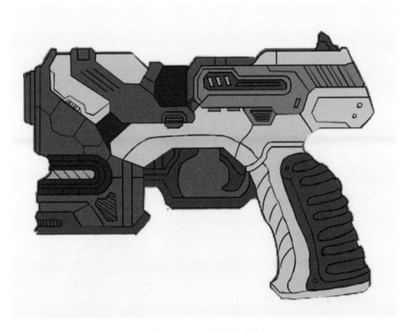

图 6-2-3　添加固有色

在每个区域固有色上添加明暗，注意光源的位置和转折的区域，此过程不必过于细致，把整体的素描关系把握到位即可。在这个阶段可以把在草图阶段没有表现出来的画面元素再添加上去，如图 6-2-4 所示。

图 6-2-4　添加明暗关系

6.2.4　游戏角色枪械细节刻画

　　根据光源位置在画面上添加金属的高光，这里枪械的金属由于表面高光不是那么强烈，注意高光明度的把握以体现质感。另外还要注意衔接处的受光面与背光面的区分，增强金属拼接处的空间感。除此之外，还可以加入枪械使用过的划痕，让它拥有使用的痕迹，这样会让武器道具更逼真，刻画细节完成稿如图 6-2-5 所示。

图 6-2-5　刻画细节完成稿

6.2.5　游戏角色枪械定稿及输出规范

在最终完成枪械设计图之后，可以将文件的背景隐藏，将图片尺寸设置为 1280 像素 × 1024 像素，最后将设计图文件另存为 PNG 格式。

思考与练习

思考题

经过本模块的学习，我们体验了游戏美术商业项目绘制的过程，为了巩固所学知识，以及能在游戏美术商业项目中灵活地运用这些知识，请按要求完成如下练习。

参考湖北省博物馆馆藏文物越王勾践剑的照片（见图 6-3-1），以《仙剑奇侠传》为故事背景，设计一个游戏中的装备。在设计过程中需要搜集整理有关《仙剑奇侠传》的背景资料和越王勾践剑的图像资料，使其符合《仙剑奇侠传》的视觉风格并具有越王勾践剑的造型特征，设计稿的尺寸为 1280 像素 × 1280 像素，文件保存为 PNG 格式。

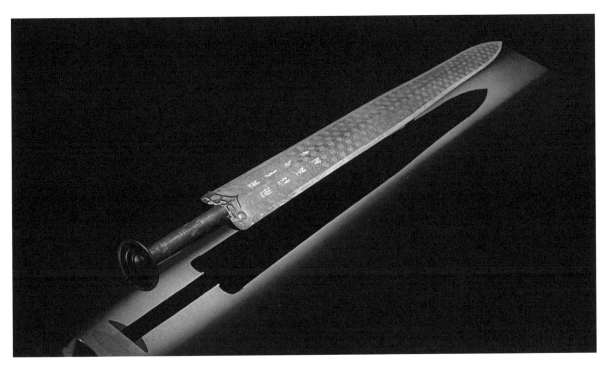

图 6-3-1　越王勾践剑

练习题

1. 在 Photoshop 中建立新图像时，可以为图像的背景进行（　　）设定。

　　A. White

　　B. Foreground Color

　　C. Background Color

　　D. Transparent

2. 下列有关 Photoshop 参考线描述正确的是（　　）。

    A. 必须在打开标尺的状态下才可以设置参考线

    B. 在使用移动工具的状态下，按住"Alt"键的同时单击或拖动参考线，就可以改变参考线的方向

    C. 参考线的颜色是不可以改变的

    D. 参考线是可以设置成虚线的

3. 在 Photoshop 中，（　　），能够将路径转换成为相应的选区。

    A. 在路径被选中的情况下，按"Ctrl+Enter"组合键

    B. 按"Ctrl"键单击路径面板上的路径缩览图

    C. 在路径被选中的情况下，按数字小键盘上的"Enter"键

    D. 将路径缩览图拖到"用路径作为选区载入"按钮上

参考文献

[1] OLDFISH. 概念设计的秘密：游戏美术基础与设计方法 [M]. 北京：人民邮电出版社，2022.

[2] 陈惟，游雪敏，陈晓军. 游戏美术角色设计 [M]. 北京：海洋出版社，2016.

[3] 完美世界教育科技（北京）有限公司. 游戏美术设计：中级 [M]. 北京：高等教育出版社，2021.

[4] 李永强. 游戏场景设计专业技法解析 [M]. 北京：人民邮电出版社，2021.

[5] 程俊杰，马潇灵. 游戏场景设计 [M]. 北京：海洋出版社，2015.

[6] 美国 Adobe 公司. Adobe Photoshop CC 经典教程：彩色版 [M]. 侯卫蔚，巩亚萍，译. 北京：人民邮电出版社，2015.

[7] 安德鲁. 路米斯经典美术课：素描基础 [M]. 孙苏宁，译. 上海：上海美术出版社，2018.

[8] 英国 3DTotal.com 公司. 概念艺术家的 30 堂视觉表现课：色彩、光影、构图、解剖、透视、景深 [M]. Coral Yee，译. 北京：中国青年出版社，2015.